数码服装设计从入门到精通

张建兴　著

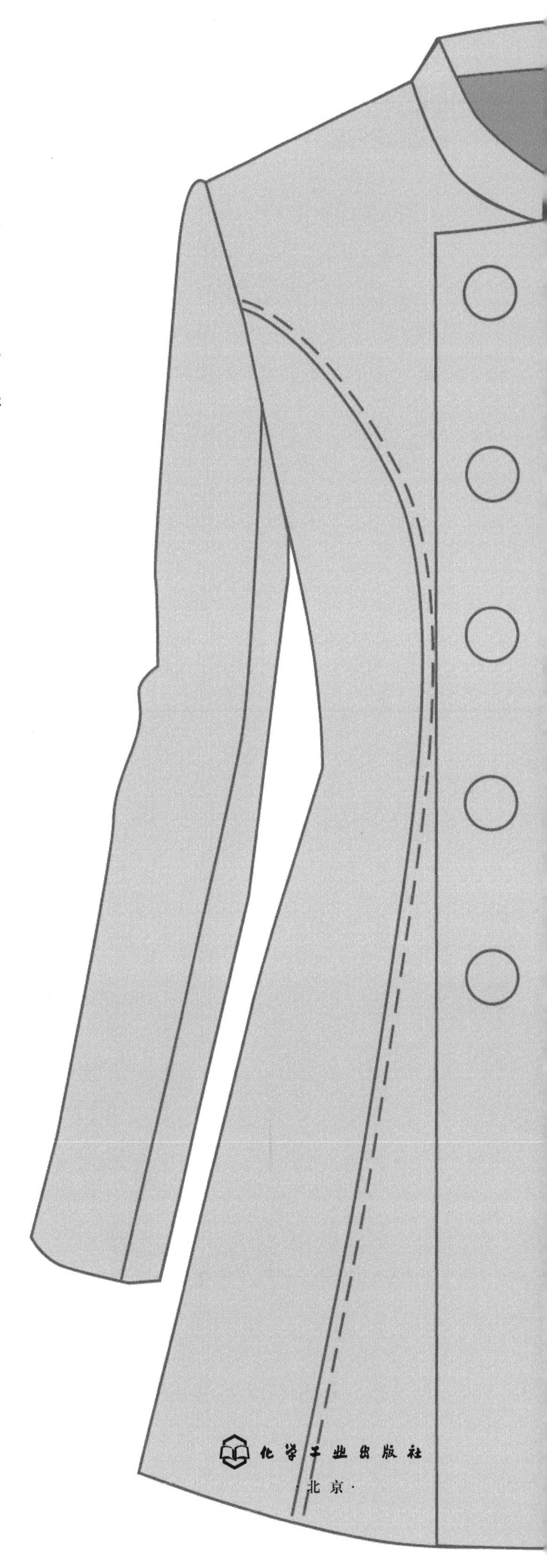

化学工业出版社

·北京·

前言

服装是一个时尚创意产业，设计与创新是其发展的灵魂。数码绘图软件引入到服装设计领域后，以其方便易学、操作简便和表现力强等特点，很快成为服装设计师的重要表现手段之一。

现阶段服装设计普遍使用Photoshop、Illustrator和CorelDRAW等平面设计软件进行设计，用平面形式绘制服装效果图和款式图。然而，由于数码软件的应用停留在绘图上，依然有很多设计师在设计阶段习惯以手绘效果图作为设计表达方式，并没有把数码软件与设计任务有机地结合起来。

本书以服装设计为主线，数码绘图软件为辅助工具，讲解如何使用绘图软件完成服装设计任务，使软件的应用贴近服装设计的各个细分环节。全书以软件使用零基础为起点，逐步提高，最终掌握使用软件完成设计工作的方法。主要内容为软件基础、服装图形、服装款式图、服装效果图和服装设计企划等，案例由各种操作实务、图示等素材组合而成，按照从基础到综合应用的思路逐步深入，培养应用绘图软件完成服装设计的综合能力，帮助设计师提高设计水平。

在此向为本书做出过贡献的人士表示由衷的感谢。同时也欢迎业内人士对本书的不足提出宝贵意见，共同为服装专业的师生及从业人员专业水平的提升贡献自己的力量。由于笔者水平有限，书中难免有错误，欢迎广大读者指正。

2017年3月

目　录

第四章　服装效果图设计与绘制

第五章　服装设计企划书绘制与表现

第一章

数码服装设计基础

服装设计发展至今，从过去的手绘方式逐渐演变为手绘和计算机结合的综合方式，随着各类设计软件的出现，设计工作的形式也在不断更新。过去，因为工具的局限，服装设计重点放在效果图和款式图上，对于面辅料设计、色彩设计、主题设计、风格设计、细节设计、波段设计、企划设计等力不从心，很难使服装设计完整地得以表现。

第一节 数码服装设计概述

服装设计是指服装制造和销售的计划工作，内容包括服装企划、款式设计和结构设计。数码服装设计主要内容是如何使用数码绘图软件辅助完成服装设计工作。

数码服装设计使用当前主流的绘图软件，辅助完成服装设计工作，把设计的重点放在整体设计上，使设计师能够更加容易地把握设计工作的全局，从而提高了服装设计的工作质量，如图 1-1-1 所示。

设计是一项系统性工作，渗透在整个产品流程体系当中，服装产品流程与设计密切相关。ZARA（扎拉）是国际著名的连锁零售品牌，作为快时尚的代表，能够在短短的 1 周内完成服装商品周期，其主要运营思路之一是 “倒过来设计”，即根据遍布全球的销售网络搜集消费诉求信息，然后根据市场需求快速完成设计与生产，完全改变了企业自行设计后再去费力推销的服装产品生产格局。

以市场为导向的设计方式，要求紧扣市场节奏，推出一批批完整的设计作品，并能快速地推向市场。以手绘效果图的设计方式，仅仅能够满足款式轮廓构思阶段的设计工作，在色彩的准确性、材料的实际视觉效果、图形图案、设计企划等方面远远不够，数码软件是新时期设计人员必须掌握的技能。

数码软件不仅是设计的辅助工具，更是设计工作的手段。数码软件由众多工具构成，工具的组合使用能形成一整套处理设计问题的工作方法，帮助设计师理清设计思路，完善设计内容，方便快捷地完成设计工作，有效提高设计工作的效率和质量。

数码软件在服装设计中应用广泛，常用在服装款式图、效果图和服装设计企划方面，如图 1-1-2 ~ 图 1-1-4 所示。

数码软件可以直接在服装设计图上更换颜色和图形，更方便在互联网上根据用户要求设计个性化服装，或者根据客户需求方便快捷地对服装进行设计和改动，如图 1-1-5 所示。

在数码软件上设计可以很方便地观察设计效果，并通过复制快速得到多个设计方案，便于观察和选择，快速提高设计工作效率，如图 1-1-6 所示。

数码服装设计使用通用的平面设计软件，也包括专门针对服装设计开发的专业软件，专业软件针对服装设计工作设置工具，使设计与制板相结合，可以以立体的角度模仿三维设计服装造型，是专业设计人员不可或缺的助手。但是专业软件针对性强，由于模板与模型预先设定好了，使设计人员发挥空间受到一定的限制，比如人物建模较为固定，设计人员不能根据喜好绘制人物从而表达的不同设计个性，进而失去设计灵性，如图 1-1-7 所示。

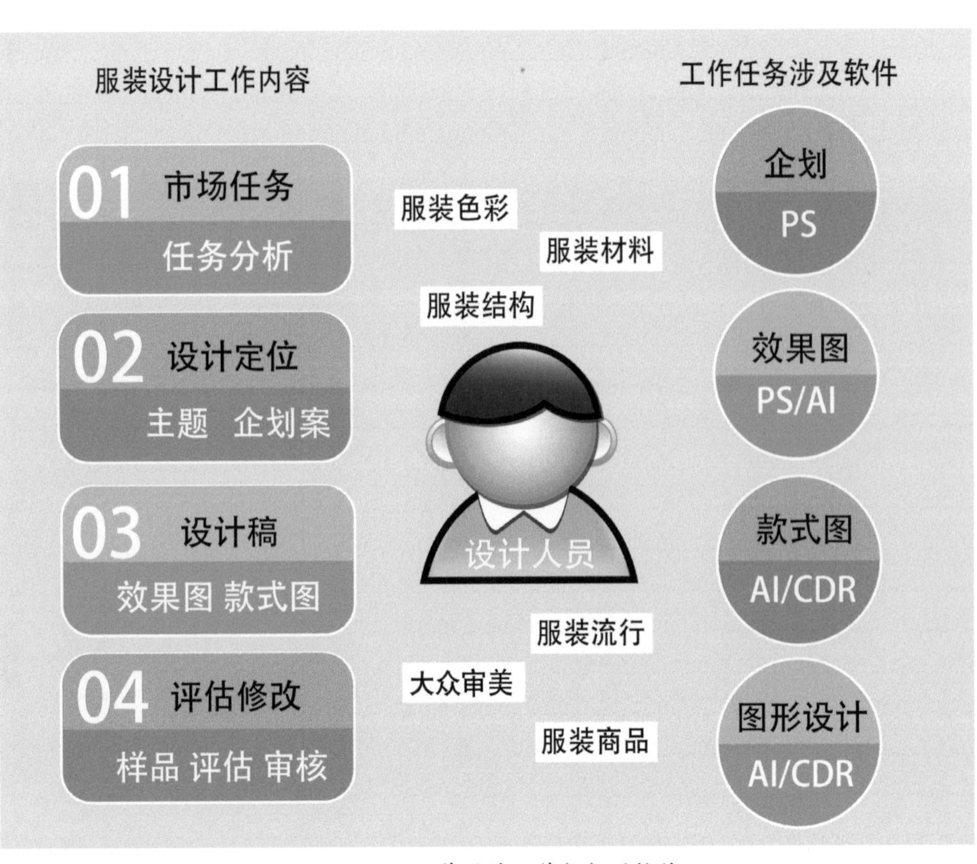

图 1-1-1 服装设计工作与数码软件

图 1-1-2　数码服装款式图

图 1-1-3 数码服装效果图

图 1-1-4 服装设计企划

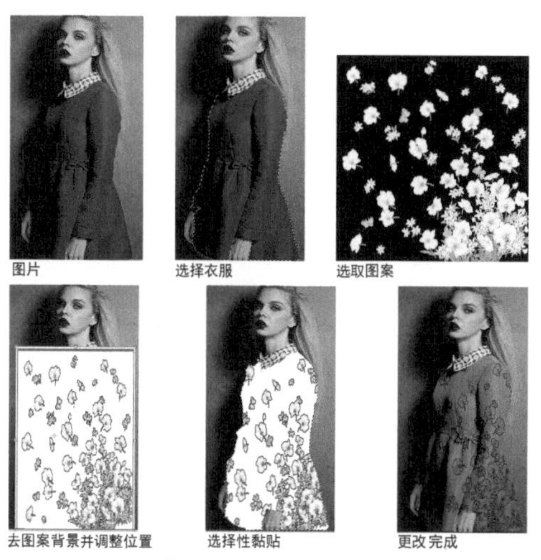

图 1-1-5　在服装设计图上进行更改设计

图 1-1-6　观察不同色彩之间的搭配效果

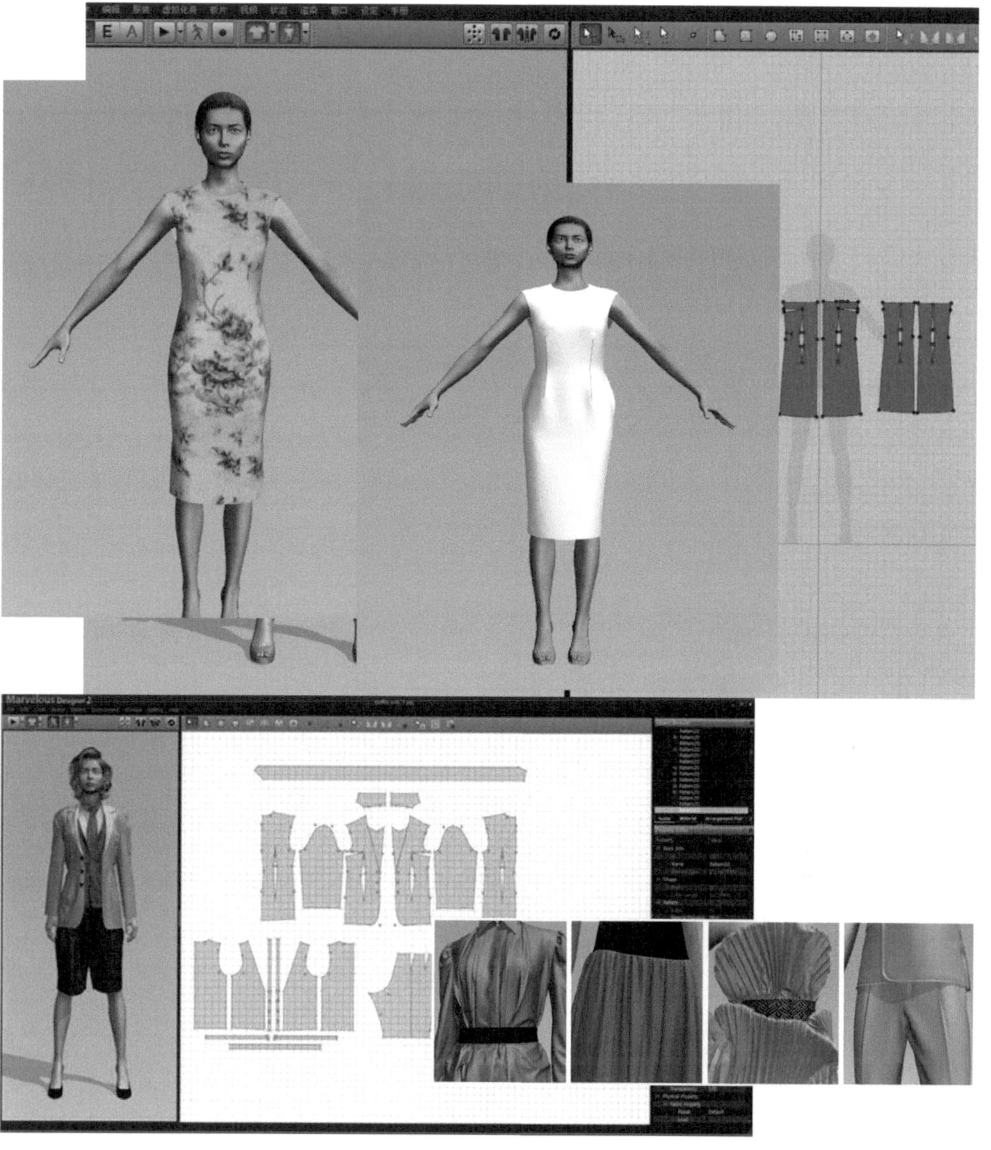

图 1-1-7　CLO3D 专业服装设计软件

第二节 绘图软件及常用工具简介

现阶段在服装设计中使用的通用软件主要有Adobe Photoshop(以下简称Ps)、Adobe Illustrator(以下简称Ai)、CorelDRAW(以下简称CDR)和Painter。本书选择现阶段设计界普遍使用的Ps和Ai作为示范软件工具，如图1-2-1所示。

图1-2-1 Ps与Ai软件图标

一、绘图软件

国际计算机行业的标准化，软件的操作界面与操作方法十分相近，很容易上手。启动、关闭等基本操作和大多数软件一样，双击图标即可打开，或者在图标上点击右键打开；关闭在第一菜单栏选退出或直接点击右上角的叉。

(一)新建与打开

新建一个文件时，会有对话框，根据图形的需要设置图形的页面尺寸、色彩模式(常用RGB、CMYK和HSB)和分辨率(常用72dpi、300dpi、500dpi)等。在软件中直接打开一个现成的文件，如果格式不符可以用导入命令导入，拖拽文件到软件界面也可以打开，如图1-2-2、图1-2-3所示。

(二)界面整洁

为了使软件界面整洁，看上去不会杂乱，很多工具都进行了归类，隐藏在一个工具图标内，点工具图标下的小三角即可看到(点的时候鼠标稍稍向下移动一点点)。一些工具隐藏在窗口菜单中，根据绘图需要把用不上的工具暂时隐藏。通过快捷键可以打开隐藏的对话框，Ps中的画笔预设可以用快捷键“F5”打开，如图1-2-4所示。

(三)状态栏

在使用工具过程中，会显示可控信息的状态栏，可以根据需要选择调控。如Ai钢笔画线以后，状态栏会出现线条的状态，可改变为实线、虚线、加粗线和箭头等，如图1-2-5所示。

(四)历史与保存

历史记录和撤销键可以返回之前的步骤，Ps有专门的菜单显示历史记录，Ai和Ps撤销可按“Ctrl键+Z”。计算机有时会出现死机现象，大量的辛苦工作会瞬间消失，因此重要步骤应采取保存措施，养成每隔一段时间手动保存一次的习惯，或使用相应的工具保存，如Ps历史记录里的创建新快照工具，可以不受步骤影响直接返回该步骤，一定要养成保存的好习惯。

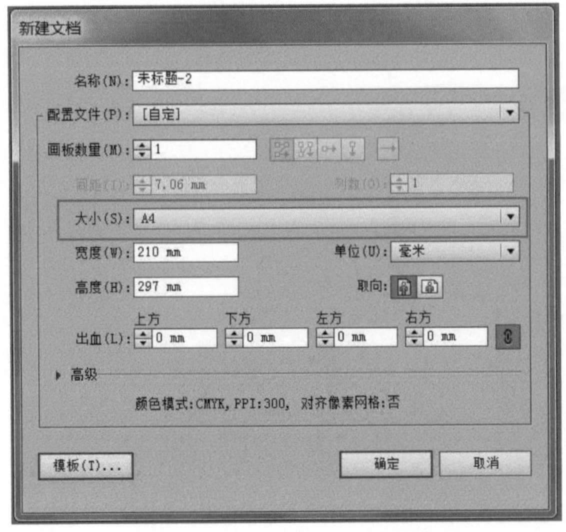

图1-2-2 Ai新建文件对话框

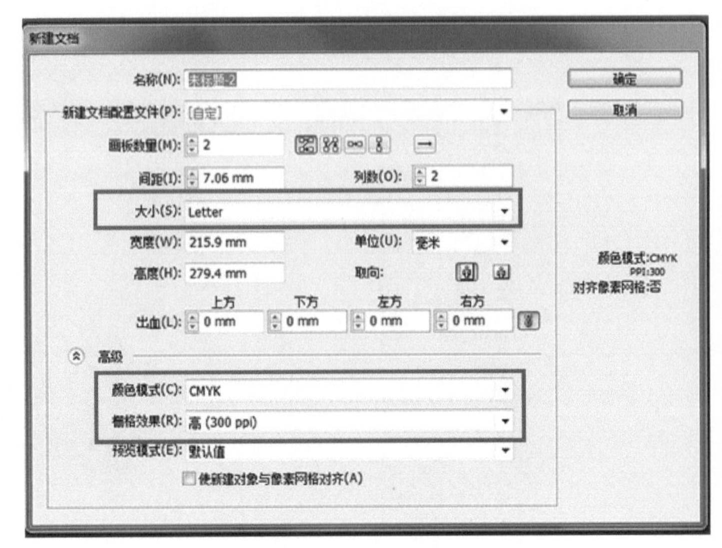

图1-2-3 Ai新建高级选项

（五）储存文件

Ai 文件储存为可编辑的 Ai 和 ePs 等文件格式，ePs 可以用 Ai、CDR、Ps 等打开，ePs 文件是包含图片的矢量文件。Ps 文件储存为可编辑的 PSD 和 JPG 格式。Ai 文件不能储存 JPG 文件，需要导出成 JPG 格式，JPG 是通用的图片格式。Ai 格式中的图片是链接保存，文件移动，位图会丢失。

（六）视图

操作过程中为了更好地观察细节和整体，可使用放大和缩小图像的工具，Ps 使用导航器，Ps 和 Ai 使用“alt+鼠标滚轴”，也可用有放大镜图标的工具，同时也可用手形图标工具挪动观察位置。Ai 可以添加画板来同时观察两幅画，便于设计时相互参考，如图 1-2-6 所示。

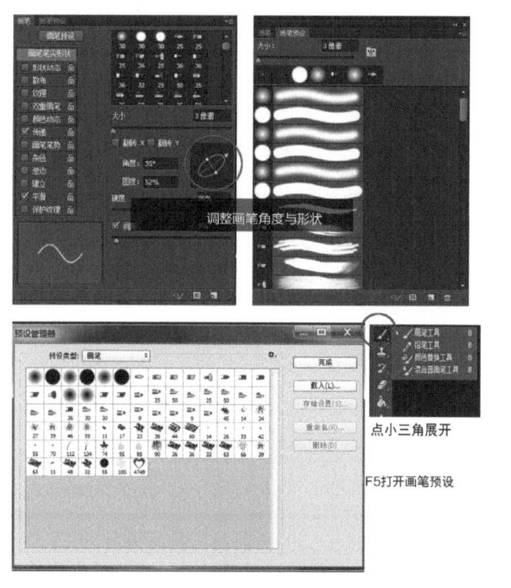

图 1-2-4　Ps 画笔工具与画笔预设对话框

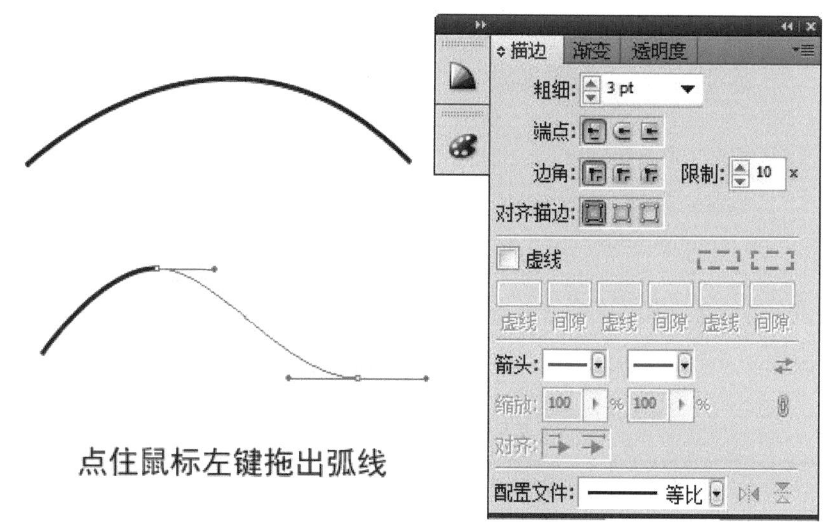

图 1-2-5　Ai 描边状态栏

图 1-2-6　Ai 添加画板

（七）快捷键

为了方便地使用软件工具，每种工具都会有对应的快捷键，根据所做的工作，记住一些常用的快捷键，方便实用，有助于提高工作效率，见表 1-2-1、表 1-2-2。

表 1-2-1　PS 部分快捷键

工具和效果	快捷键
移动工具	V
魔棒工具	W
套索、多边形套索、磁性套索	L
裁剪工具	C
画笔工具、铅笔工具	B
橡皮图章、图案图章	S
渐变工具、油漆桶工具	G
自由旋转画布	R
减淡、加深、海绵工具	O
文字工具	T
钢笔、自由钢笔	P
矩形、圆边矩形、椭圆、多边形、直线	U
吸管、颜色取样器、度量工具	I
抓手工具	H
缩放工具	Z
默认前景色和背景色	D
切换前景色和背景色	X
切换标准模式和快速蒙板模式	Q
标准屏幕模式、带有菜单栏的全屏模式、全屏模式	F
临时使用移动工具	Ctrl
新建图形文件	Ctrl+N
打开已有图像	Ctrl+O

工具和效果	快捷键
临时使用抓手工具	空格
保存当前图像	Ctrl+S
还原／重做前一步操作	Ctrl+Z
一步一步向前还原	Ctrl+Alt+Z
一步一步向后重做	Ctrl+Shift+Z
拷贝选取的图像或路径	Ctrl+C
自由变换	Ctrl+T
调整色阶	Ctrl+L
自动调整色阶	Ctrl+Shift+L
打开曲线调整对话框	Ctrl+M
选择彩色通道（‘曲线’对话框中）	Ctrl+~
打开“液化”对话框	Ctrl+Shift+X
合并可见图层	Ctrl+Shift+E
通过拷贝建立一个图层（无对话框）	Ctrl+J
全部选取	Ctrl+A
取消选择	Ctrl+D
羽化选择	Ctrl+Alt+D
反向选择	Ctrl+Shift+I
按上次的参数再做一次上次的滤镜	Ctrl+F
放大视图	Ctrl++
缩小视图	Ctrl+−
满画布显示	Ctrl+0

表 1-2-2　Ai 部分快捷键

工具和效果	快捷键
使用铅笔工具闭合路径	按住 Alt 键
在使用基本形状工具如直线段工具、矩形工具时，画出美妙的图形	结合～键
编组	Ctrl+G
取消编组	Ctrl+Shift+G
套索工具	圈选描点
连接两条单独的路径	Ctrl+J

工具和效果	快捷键
使用多边形和星形工具时	1. 按住 Shift+ 鼠标拖动摆正位置 2. 上下方向键 + 鼠标拖动调整边或点的数量 3. 按住 Ctrl+ 鼠标拖动调整星形外径或内径大小

续表

工具和效果	快捷键
使用铅笔／钢笔等工具时	按 Ctrl 可切换到上次使用的选择工具或直接选择工具，按 Alt 键可以切换到平滑工具
钢笔绘制结束	Ctrl+ 鼠标左键
添加描点工具	[+]
删除描点工具	[−]
增加边数、倒角半径及螺旋圈数	[↑]
减少边数、倒角半径及螺旋圈数	[↓]
切换填充和描边	[X]

工具和效果	快捷键
切换为颜色填充	[<]
切换为渐变填充	[>]
切换为无填充	[/]
标准屏幕模式、带有菜单栏的全屏模式、全屏模式	[F]
临时使用抓手工具	[空格]
复制物体	[Alt] + [拖动]
保存当前图像	[Ctrl] + [S]
还原前面的操作（步数可在预置中）	[Ctrl] + [Z]
选取全部对象	[Ctrl] + [A]
群组所选物体	[Ctrl] + [G]

（八）文件格式

文件做好以后需要选择一种格式储存，文件格式也称 “文件扩展名”，如“女装设计 .jpg”。图形类文件格式见表 1-2-3，图形软件常用色彩模式，见表 1-2-4。

文件储存时要注意软件版本选择，一般高版本可以读低版本，低版本无法读取高版本。

表 1-2-3 常用图形文件格式

格式	使用情况	用途	实用频率	常规文件大小
.jpg	常规格式	Ps 常规图片文件	常用	较大
.psd	编辑格式	Ps 格式，保留编辑	常用	很大
.ai	常规格式 编辑格式	Ai 格式，保留编辑	常用	很大
.cdr	常规格式 可编辑	CorelDRAW 主要格式，保留编辑	常用	较大
.web	Windows 系统常用	方便各类图形软件之间打开	一般	很大
.gif	动画格式	网络小动画	不常用	大
.png	无背景格式	图形文件	常用	中
.tif	扫描格式	扫描仪格式 打印失真少	不常用	很大
.pdf	电子文档格式	各系统间不受影响 电子书、电子读物	不常用	中

表 1-2-4　图形软件常用色彩模式

色彩模式	应用
灰度	无彩色
RGB	常用模式
HSB	全面模式
CMYK	印刷模式

（九）位图和矢量图

Ps 是制作和处理位图文件的软件，Ai 是绘制矢量文件为主的软件。位图由像素构成，矢量图由数学上一系列连接的点构成。

位图由栅格构成，分辨率大就清晰，分辨率小就模糊，常用分辨率 300dpi。位图色彩模式有 RGB（常用色彩模式）和 CNYK（印刷模式）。矢量图不受分辨率影响，理论上可以无限放大。一般情况下使用 Ai 绘制线条和轮廓，使用 Ps 绘制色调和图片效果，如图 1-2-7 所示。

二、Photoshop 简介

Ps 中工具和菜单命令众多，没必要一一熟记，只要熟悉服装设计常用的即可。Ps 的主要功能包括选择、图像处理和绘制。

（一）选择

形状选择在 Ps 里非常重要，用于图片修改与合成，是 Ps 软件的重要功能，因此 Ps 里提供了多种选择方式。包括框选、手动选择、自动选择、精准选择、路径选择和色彩选择等类型，其中魔棒、钢笔、图层蒙版和色彩范围选择是常用的选择工具，如图 1-2-8 所示。

（二）图像处理

图像处理是 Ps 的主要功能，工具和技法众多，可分为形状处理、色调处理、肌理处理、合成处理和画面处理。

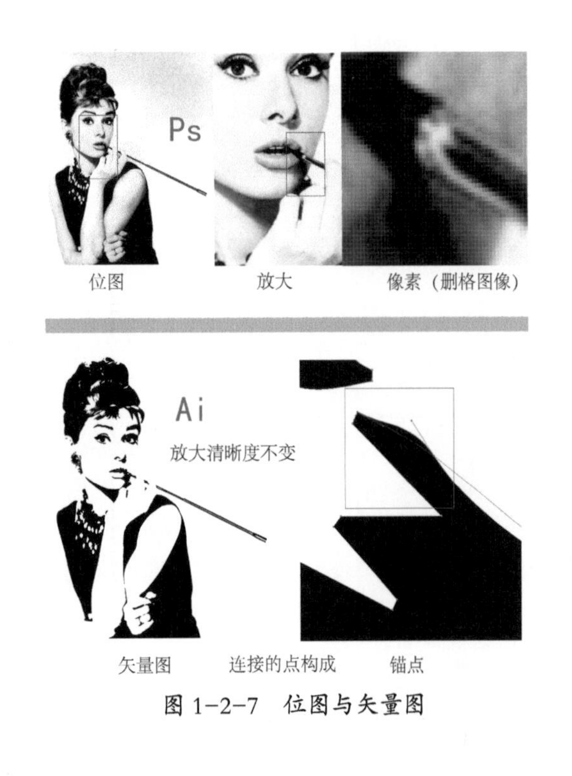

图 1-2-7　位图与矢量图

图 1-2-8　Ps 选择工具

图 1-2-9　Ps 图像处理工具与菜单

加深与减淡
钢笔
画笔（数位板）
颜色
记录画笔
图层（常用）
常用界面小窗

图 1-2-10　Ps 绘制工具

其中变换、图像调整和滤镜是常用的图像处理工具，如图 1-2-9 所示。

（三）绘制

Ps 不仅能修改美化图片，也可以通过画笔、颜色等工具绘制图形，可以表现出手绘的效果。Ps 绘制常用工具有图层、通道和路径。

Ps 绘制在服装设计中主要应用在效果图方面，结合数位板和手绘屏等外接设备，可以如手绘一样更好更快地完成服装设计表现的各种绘制，如图 1-2-10 ~图 1-2-12 所示。

三、 Adobe illustrator 简介

Ai 为设计界广泛使用的矢量绘图软件，在服装设计方面拥有流畅而丰富的线条，Ps 即使使用钢笔工具，也无法得到 Ai 这种清晰干净的富有表现力的矢量线条。Ai 与 Ps 有相似的界面，如图 1-2-13 所示。

图 1-2-11　Ps 图像处理与绘制

（一）绘制

在 Ai 软件界面中使用钢笔工具、形状工具绘制各种形态，利用锚点对形态进行改动。使用基本绘图工具时，在工作区中单击可以弹出相应的对话框，可以在对话框中对工具的属性进行精确的设置，如图 1-2-14 所示。

（二）设色

选择需要填色的形状，通过设色工具对轮廓和线条进行色彩填充、透明度多少、渐变处理，如图 1-2-15 所示。

图 1-2-12　Ps 外接数位板绘图

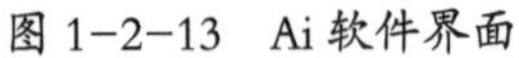
图 1-2-13 Ai 软件界面

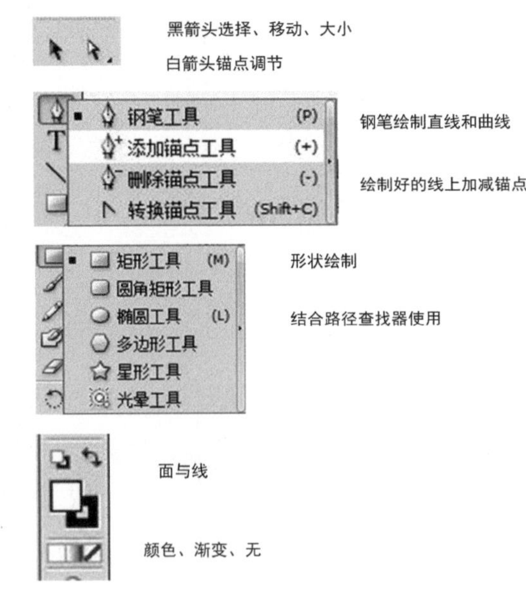

图 1-2-14 Ai 常用绘制工具

（三）精准绘图

为了提高绘图的精度，Ai 软件绘图有很多特有的设定。

（1）各种标尺和参考线保证精准绘图。从标尺中拖出参考线时，按住鼠标并按下“Alt”键可以在水平或垂直参考线之间切换。

（2）选定路径或者对象后，打开视图→参考线→建立参考线，使用选定的路径或者对象创建参考线，释放参考线，生成原路径或者对象。

（3）Ai 文件可以在 Bridge 中浏览，方便根据图形精确查找，如图 1-2-16 所示。

（4）Ai 使用旋转工具时，默认情况下，图形的中心点作为旋转中心点。按住“Alt”在画板上单击设定旋转中心点，并弹出旋转工具对话框。在使用旋转、反射、比例、倾斜和改变形状等工具时，都可以按下“Alt”单击来设置基点，并且在将对象转换到目标位置时，都可以按下“Alt”进行复制对象。

（5）Ai 使用时按“Alt”键单击工具循环选择隐藏工具，双击工具或选择工具并按回车键显示选定工具所对应的选项对话框。

（6）使用剪切工具在选择的路径上单击出起点和终点，可将一个路径剪成两个或多个开放路径。裁刀工具可将路径或图形裁开，使之成为两个闭合的路径。

（7）画笔选项－填充新的画笔笔画－用设置的填充色自动填充路径，若未选中，则不会自动填充路径。

（8）使用比例工具时，可以用直接选择工具选中几个锚点，缩放锚点之间的距离。

（9）自由变换工具可对图形、图像进行倾斜、缩放以及旋转等变形处理，先按住范围框上的节点不松，再按“Ctrl”键进行任意变形操作，再加上“Alt”键可进行倾斜操作。

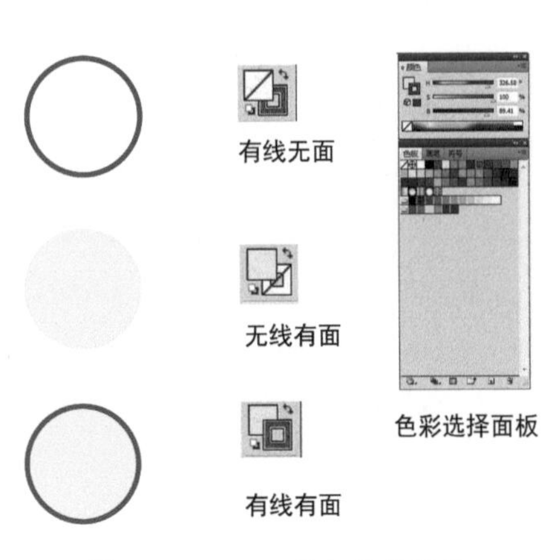

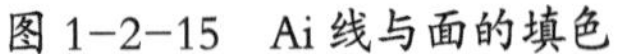
图 1-2-15 Ai 线与面的填色

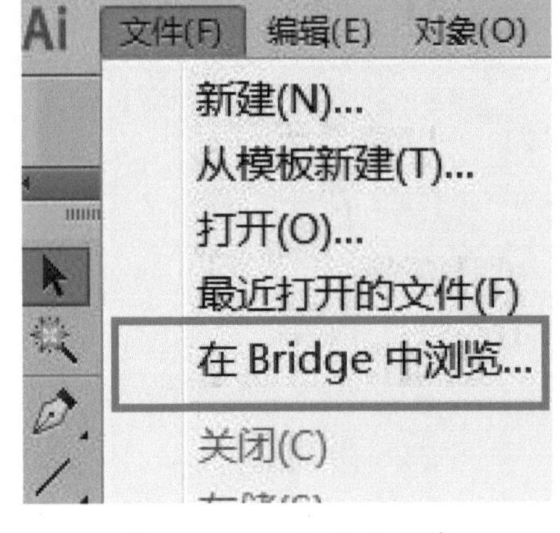

图 1-2-16 Ai 文件浏览

（10）细节可确定图形变形后锚点的多少，特别是转折处。简化可对变形后的路径的锚点做简化，特别是平滑处。

Ai 矢量图线条优美，表现细腻，如图 1-2-17 所示。

Ps 和 Ai 的兼容性好，同属一家公司，许多快捷键是通用的，操作界面也很近似。Ps 擅长处理图片、色彩、色调，

Ai 擅长线稿描绘、选择字体等，实际应用中常取长补短，先用 Ai 画好基础形状，再到 Ps 中设色和调整，如图 1-2-18 ~图 1-2-20 所示。

四、学习软件应用的方法

本书所使用的软件是通用类软件而非专业软件，专业软件针对性更强，上手快，容易操作，使用更方便。

通用软件不针对某个专业，没有专业的专项工具，需要通过实践逐步熟练掌握各种技能，一旦熟练以后就能够更好地自由发挥，做出很多专业软件不能完成的效果，结合数位板的使用，通用软件具有更好的即时性，可以顺畅地表达设计意图。

数码软件在实用过程中，因使用领域的不同会具有各种不同的要求。数码软件最主要的目标是辅助专业工作，我们可以视其为工具，在结合专业的学习中不断摸索操作技能，提高自身的软件使用水平。

1. 熟能生巧

作为专业工作的辅助工具，数码软件由众多的菜单和工具组成，初学时会感到无从下手，步骤容易出差错，操作不熟练，耗时较多。只有通过一定量的练习，软件使用才会逐渐熟练起来，最终操作会变成一种无意识的动作，速度得到提高。同时，熟悉软件操作，会逐渐形成自己独有的一套习惯流程，能够更好地适应服装设计工作。

2. 审美眼光

从操作的角度而言，数码软件并不复杂，普遍容易上手，易于学习和掌握。但是掌握了操作技能并不说明能做好。设计类作品很难有一个标准来评价，自己费很大劲做出来的设计，却得不到市场认可，就只能孤芳自赏了。

好的设计通常是得到市场和行业普遍认可的作品，具有市场和审美双重特性。就服装设计行业而言，存在一些公认的品牌设计公司和设计师，有很多优秀作品值得借鉴，观摩公认的优秀作品，有助于自己感受时尚审美气息。久而久之，这些感受会逐渐形成自己对时尚设计的审美判断，自身的时尚审美眼光也能够得到不同程度的提高，从而在完成设计工作时自觉地根据评判标准调整

图 1-2-17　Ai 矢量图作品

设计，做出符合时代要求的优秀作品。

当然，一些新人中也不乏优秀作品，但由于还没有得到普遍的认可，鱼龙混杂，判断其好坏对初学者来讲难度大，如果不慎受到层次较低的作品影响，还不自知，则对设计工作不利。

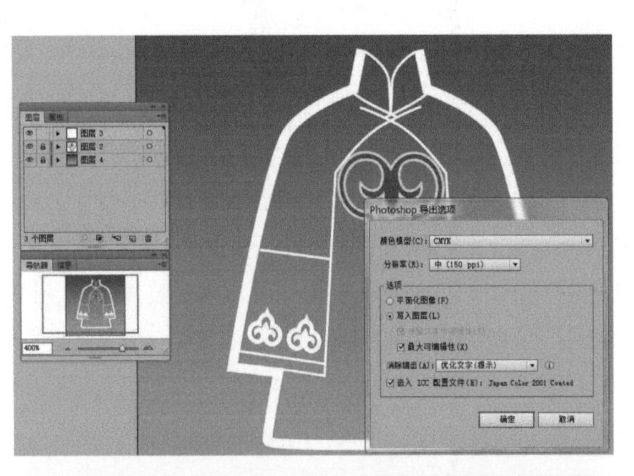

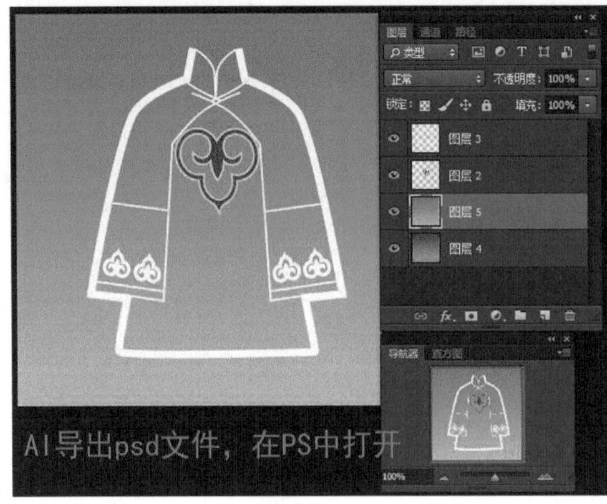

图 1-2-18 Ai 文件导出 Psd 格式

图 1-2-19 综合应用案例 1

图 1-2-20 综合应用案例 2

获取时尚审美的途径，除了观赏世界级大师和著名品牌作品外，还可以通过观看时尚期刊、浏览时尚网站和时装秀等获得。此外，服装设计并不是孤立于时代，同一时期还有很多艺术形式在影响着这个时代的审美观，同属于视觉设计和艺术范畴的有影视、摄影、绘画、建筑、工艺品、装置艺术、实用装饰、工业设计和平面设计等，只要热爱设计和艺术，就会不断地从中获取设计工作的能量。

经常手绘也能够提高审美、造型和视觉设计能力，通过对相关事物的观察和描摹，体会形态的美感，如图 1-2-21 所示。

3. 善于学习和模仿

阅读、分析和模仿是软件学习的主要途径。

阅读有关设计的文献，关注设计前沿思想和技术，提高设计理论水平。

观看教程是软件学习的主要途径，网络教程能够很好地讲解软件使用的过程，常综合几个工具，演示某一种效果如何完成，针对性强。

视频动态演示软件操作，是动态的软件教程，软件学习教程和视频多由爱好者在网上发布，学习者遇到某方面的问题，可以输入关键词搜索学习。

模仿是跟着教程一步步学习，通过模仿对软件使用方法进一步熟悉，变成自己所掌握的技能。

4. 职业素质

认真、细心、耐心和条理是软件操作的职业基本素质。

认真对待每一个步骤，养成观察习惯，及时发现不足之处，力求完美。细心绘制，不草率，安排好各个部件，对齐对准，描绘弧度圆顺，作品页面整洁干净，构图美观，具有设计的形式感。

耐心就是能坐得住，要完成一幅细腻美观的作品，需要在绘制上下功夫，也需要不断改动和调整，时间常以小时、天来计算，实际从事数码设计工作，同样是夜以继日地坐在屏幕前绘图，没有足够的耐心很难胜任。

条理是指合理的工作步骤，越是细致的图，步骤也越复杂，需要头脑清晰地知道整个流程和局部流程细节，才能提高工作效率、保证工作质量。例如Ps图层，常开十几层，有时多达几十层，容易混乱，给关键图层起名，用层组归类，做到条理清晰，便于工作有条不紊地完成。

5. 个性发掘

软件操作熟练以后，为了更上一层楼，需要设计水平有独特的个性，使自己的作品独具个性，让人一眼看到就知道是谁的作品。个性是随着技能的熟练，逐渐形成的一套独有的表现方法，设计水平越高，这种个体鲜明特征越明显。

设计的个性特征是设计人员成为设计师的标志，设计表现的个性化说明设计师已经能够很好地驾驭设计表现，同时也会把这种自身对设计的独到理解带入到设计作品中，为市场带来更多独特的设计作品。

6. 以创新为荣

创新是服装行业持续发展的根本所在，一味抄袭阻碍了设计人员提高之路，创新是一项费时费力的工作，没有照抄来得容易快捷，抄久了会形成惰性，使自己的设计能力停滞不前，逐渐拉大与他人的差距。

设计人员应建立以创新为荣的心态，保持良好的创新状态，以饱满的热情去从事设计工作。当一个设计人员热爱设计创新，就会从中得到乐趣，自觉地花大量时间钻进去，不断设计出好的作品，提升自身的设计能力。

图 1-2-21　手绘练习提高软件绘制能力

第三节　数码软件操作基础

一、常用的通用软件操作

1. 点击

左键点击，用于点选工具、图形、小窗工具等。鼠标放置在选中图形上点击右键，会弹出针对图形操作的对话框，便捷控制调整，例如 Ai 框选图形和路径，右键会出现建立剪切蒙版，可以直接完成剪切图形的工作；双击是连续点击，如 Ai 白箭头选择锚点就需要双击。

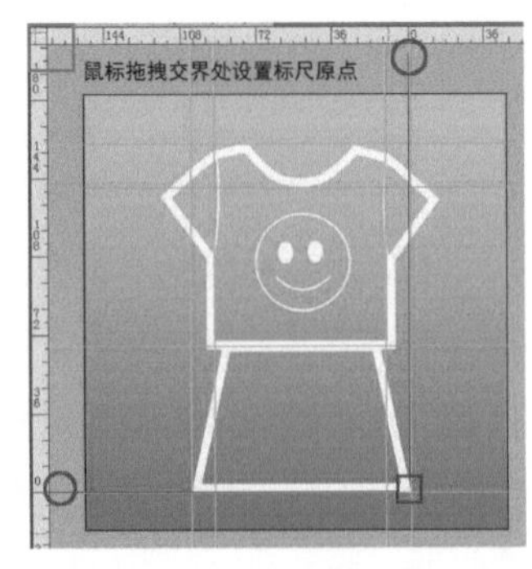

图 1-3-1　标尺帮助绘图

2. 框选

左键点击不放并拖动，拖出一个框。用于选择、局部选择、合并选择等。

3. 拖拽

左键点击不放并拖拽移动，用于移动点选目标。psd 格式的文件拖拽到 Ai 中可以直接打开；绘图软件经常会用到标尺和辅助线来帮助绘制，Ai 打开标尺可以直接拖拽左上角拉出辅助线，如图 1-3-1、图 1-3-2 所示。

4. 快捷键

敲键盘某键，快速使用菜单命令。快捷键可见各个工具后面的字母。例如，Alt+ 鼠标滚轴 = 放大缩小，Alt+ 鼠标左键 + 点住选中区域不放拖拽 = 复制（有命令时通常鼠标光标会变化）。

5. 控制键

鼠标控制时，同时按住某键，辅助控制操作。例如，Shift+ 图形 = 按比例调整，Shift+ 选择 = 加选。Ai 中形状工具的作用不亚于钢笔，通过控制键可以拉出想要的形状，如图 1-3-3 所示。

6. 常置

鼠标放在图标上不动，过几秒出现该图标名称，便于了解该工具的作用。

二、PS 常用工具操作实践

（一）选择工具

1. 框选

框选图片，主要有矩形和圆形，常作为大面积选择使用，是常用的工具。

2. 魔棒

自动点选颜色相近的区域，可通过容差调整选择精细度，是常用的工具。

3. 多边形套索

可以手控的选择方式，是常用的工具。

图 1-3-2　打开 psd 格式文件

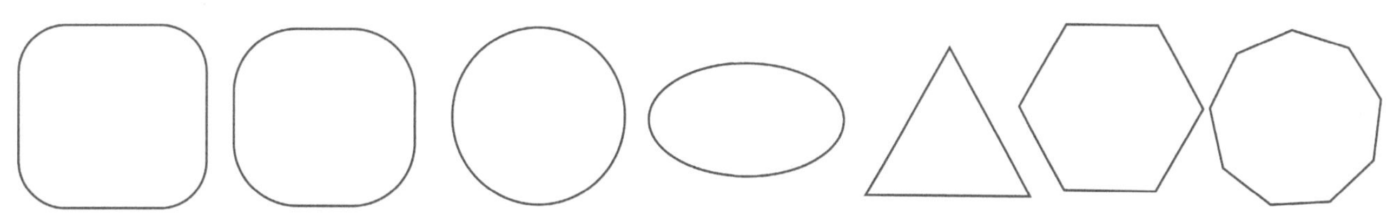

图 1-3-3　Ai 控制键拉出形状

4. 钢笔

连续点选、拖拽形成弧度，再通过路径形成选区，是精细的选择方式，非常有用。Ai 与 Ps 的钢笔使用相似，绘制时不宜随意点太多，锚点太多不利于修改，应该根据路径的曲度点击锚点绘制，不方便拐弯的地方在转折处锚点上再点击一下即可。

抠图是 Ps 重要技能，魔棒和色彩范围适合颜色和边界清晰的图片，大多数边界不清的图需要使用钢笔。

打开一张服装图片。在图层界面上复制图层，关掉背景图层的眼睛，在复制的图层上抠图，围绕需要的图形使用钢笔点击和拖拽，绘制出路径，图形太复杂也可以一段段抠图。注意绘制路径最后要封闭，封闭好路径以后，在路径面板中选择—变成可选区域，再反选清除背景，留下扣好图的服装，如图 1-3-4 所示。

5. 反选

选好区域以后，反向选择没选的区域，结合魔棒使用。

6. 色彩范围

选择图片中的相近色，可通过容差调整范围大小。

7. 快速蒙版

激活图标，用画笔涂画面，涂的区域为不选区域。

快速蒙版图标在工具栏下方，点击图标在服装上涂出淡红色，透明的淡红色即为所选区域，选好以后点击快速蒙版图标，成为选区，注意再反选到服装，在“图像—调整—替换颜色”中调节出自己所需要的颜色，如图 1-3-5 所示。

8. 通道

选区是通道的重要功能，在通道中可以对选区做各种效果的处理。

9. 蒙版

蒙版结合图层使用，挂在一个图层旁边，结合其他选择工具使用，非常有用。注意使用时的工作区域，工作图层边上会有白框提示。

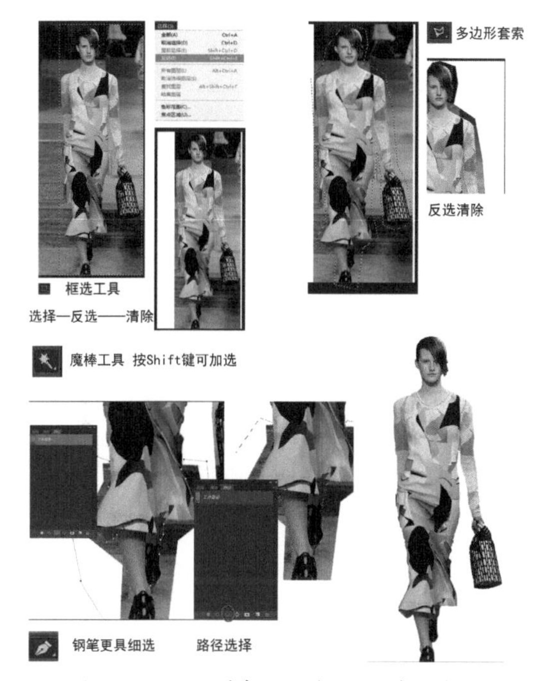

图 1-3-4　Ps 选择工具抠图操作示意图

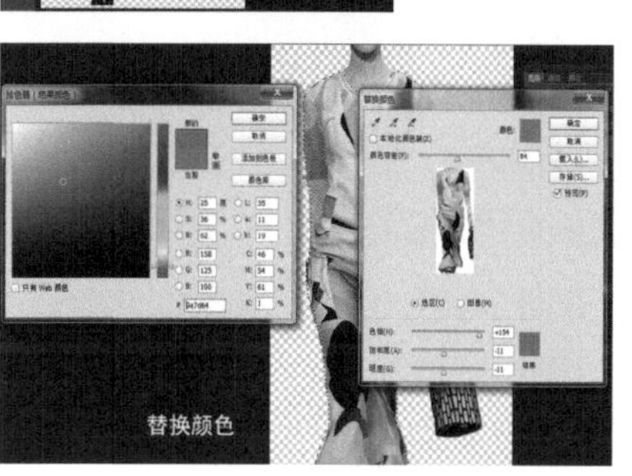

图 1-3-5　抠图与替换颜色操作示意图

选择工具可以综合使用，目的是精确和快速。一些不常用的工具有时也可以尝试用用，比如磁性套索，虽然常因画面边缘不清无法准确选择，但在一些色彩对比强的图中可以使用，贴着边缘选择的功能比较方便。

（二）图像处理工具

1. 变换

编辑－交换是调整选区形状的主要工具，包括缩放、旋转、扭曲等；非常有用，如图 1-3-6 所示。

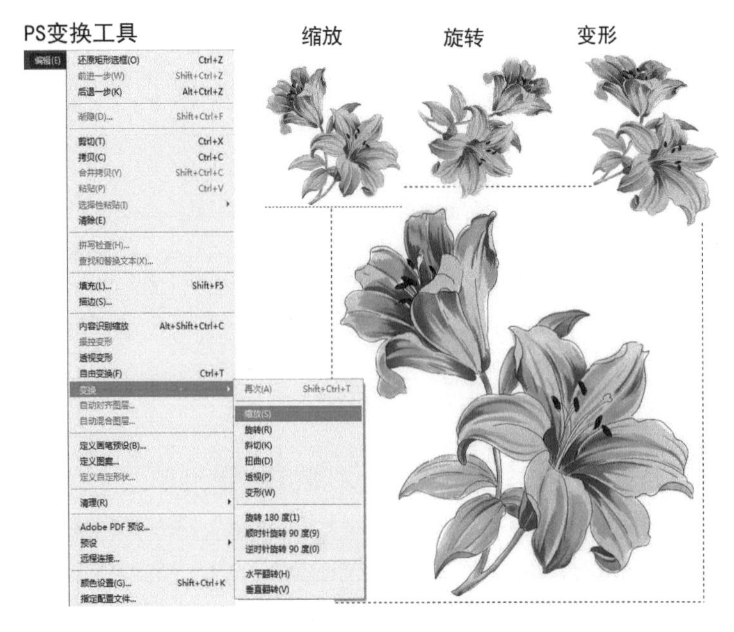

图 1-3-6　Ps 变换—缩放和旋转操作示意图

2. 调整

图像－调整几乎囊括了 Ps 所有有关图像色彩的工具，根据色彩的属性分为色相类（色相、色彩平衡、反向、黑白、替换颜色、匹配颜色、色调均化、去色、HER 色调、通道混合器、可选颜色、照片滤镜、色彩平衡等），明度类（色阶、曲线、亮度对比度、曝光度等），饱和度类（色彩平衡、色相饱和度等）以及一些综合工具，其中色阶、曲线、替换颜色是服装设计中常用的工具，非常有用，如图 1-3-7 所示。

图 1-3-7　Ps 图像调整操作示意图

3. 滤镜

滤镜是 Ps 中处理选区或图像的肌理、线条、画质等的综合性工具，是 Ps 的特色之一，能产生很多特殊的效果，在服装中常被用来制作面料，如图 1-3-8 所示。

图 1-3-8　变换、调整与滤镜操作示意图

4. 合成

Ps 通过图层、蒙版、橡皮和透明度等工具把几个图片合成在一张图中，产生新的视觉效果。

准备几张图片素材，新建一个美国标准纸，便于统一像素。分别把每个图片素材粘贴到一个图层中，调整图片大小，注意要根据原始像素适当放大，超出 1 倍就容易看出有马赛克了。

在图层面板拖拽图层，安排前后次序，一些图层调整透明度。

使用蒙版和橡皮清除生硬的边界，使素材合为一体。使用橡皮时注意橡皮的流量和不透明度的调整，调整到 30% 左右，选择羽化的橡皮为好。完成调整以后，再分别调整色调，最终合并图层完成素材的合成，如图 1-3-9 所示。

（三）PS 绘制工具

1. 图层

一个图层相当于一张纸，多个图层就是多张纸，在一个图层上工作不会影响其他图层，图层可设置透明度，利于观察。

打开图层小窗，在图层中绘制和处理图片，最下一层为白背景，一般不在上面工作；暂时不需要的图层可以关掉眼睛图标，可以把有眼睛图标的图层用拼合可见图层进行合并，该命令非常有用，可以把阶段性工作暂时合在一起，不会影响其他没有开始做的工作。

图层可以调节透明度，在上下层调整位置时很实用，可以较为准确地移动位置。单个图层中图形可以进行图层样式调整，加入阴影等效果，常用来处理文字。

2. 画笔和钢笔

画笔和钢笔使 Ps 摆脱了仅能处理图片的局限，鼠绘（鼠标绘制图形的简称）使用画笔不宜操作，结合数位板就具有了绘画功能。画笔可调节粗细，有实心和虚边之分，实心线边缘清晰，虚边线边缘模糊，新版本加入了各种类型的画笔，也可自创画笔。

钢笔可以调节弧度，一段段绘制控制容易，保证了绘制的精度。钢笔常与路径结合形成细致的选区。

混合器画笔模仿了绘画中的颜色混合，接近 Painter 软件的画笔（Painter 绘画功能专业而强大），先置两色，然后用混合器画笔在中间混合，如图 1-3-10、图 1-3-11 所示。

在 Ps 中使用数位板与现实绘画相似，

图 1-3-9　Ps 合成效果操作示意图

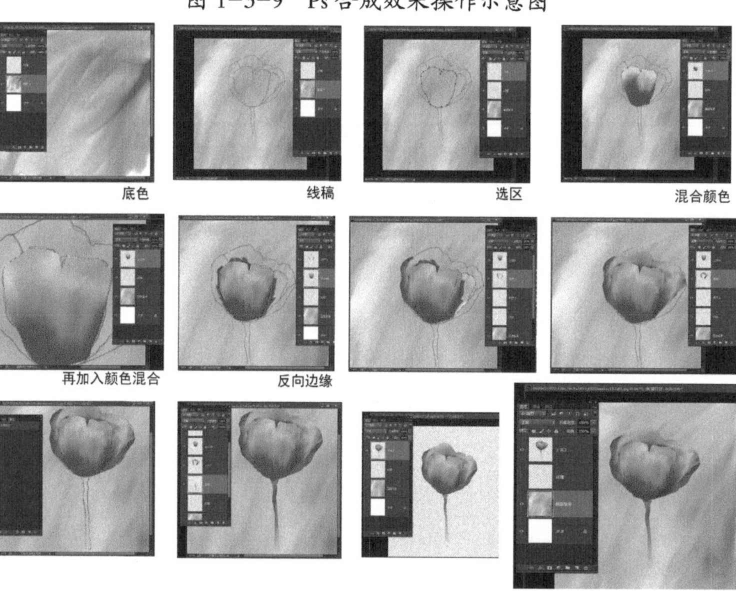

图 1-3-10　Ps 混合器画笔操作示意图

图 1-3-11　Ps 混合器画笔绘制花朵

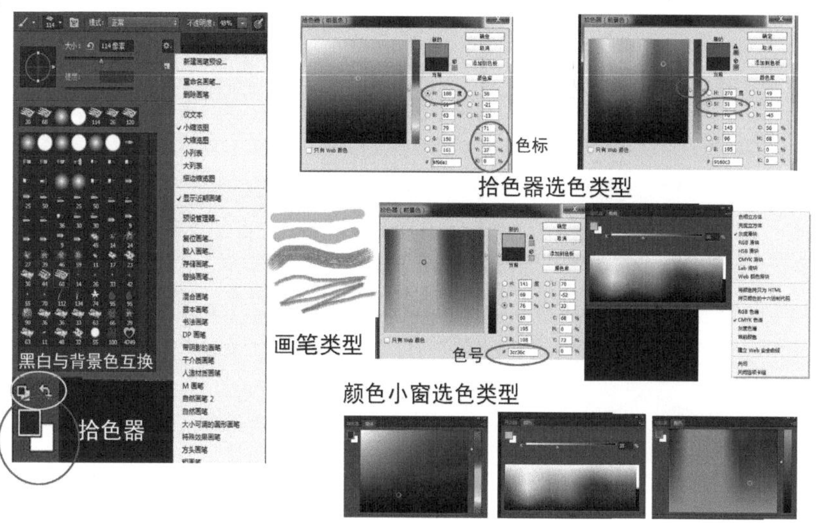

图 1-3-12　Ps 画笔与颜色

有各种画笔和调色盘，Ps 的画笔工具与色板，如图 1-3-12 所示。

三、 Ai 软件操作

Ai 绘图以形状绘制和色彩为主，辅助以一些特殊效果。形状绘制方面使用钢笔和形状工具，形状可使用路径查找器进行组合和修剪，勾画好形状以后进行填色、渐变和透明度处理，如图 1-3-13 所示。

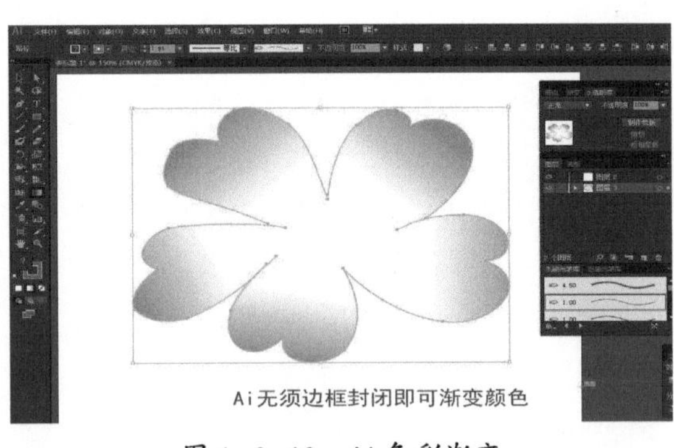

图 1-3-13 Ai 色彩渐变

主要工具包括选择和直接选择工具（黑箭头和白箭头）、钢笔工具、形状工具、吸管工具、填色和描边等。以线、面、填色和图形效果使用最为频繁。

1. 绘制工具

有钢笔、画笔和铅笔。有钢笔画线、钢笔+增加结点、钢笔 . 删除结点的区分。画笔需要在窗口打开画笔对话框，打开其中画笔库，选择笔头才可以使用。

各种基本形状，可以组合和减去，通过路径查找器面板组合成新的形状，是 Ai 非常方便的造型工具。

吸管工具能够吸取对象所有属性，包括渐变、字体。

2. 色彩工具

填色和描边是 Ai 极具特色的方便控制线与面的工具。主要有填色、渐变和透明度，能够胜任大多数绘制工作，如图 1-3-14 所示。特殊色彩效果可以导入 Ps 中处理。

钢笔勾线
填充颜色
渐变与透明度调整

图 1-3-14 Ai 画笔绘制过程

Ai 数位板使用画笔完成，与手绘一样，从草图到细节，利用图层一步步完成，如图 1-3-15 所示。

Ai 首选项：编辑－首选项－常规，设置键盘增量，对键盘微调很实用。设置锚点显示状态，便于绘制时观察和操作；根据个人视觉习惯调整用户界面和界面外观。

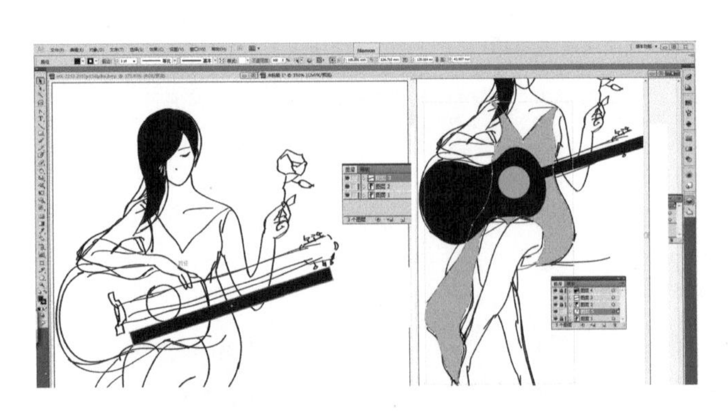

图 1-3-15 Ai 绘制图形

第二章

图形设计与绘制

图形图案是服装设计的重要组成部分，尤其是生活化的服装中，款式变化较少，丰富多彩的图形成为服装设计的重点。

第一节　图形绘制基础

在计算机环境中，把使用数码软件绘制出的形状称为图形图像，如矢量图形、平面图形。软件工具也多以图形为目标设置，为了适合数码软件工作环境，本书把过去对图案的习惯叫法统称为图形。

服装图形形式多样，可分为具体形象、图案化形象和抽象色块等，图形主要由形状和色彩构成，图形有整块的满花面料，有在服装上根据服装造型设计的局部图形，也有把图形作为服装面料的组成（毛衣针法），如图 2-1-1 ~图 2-1-4 所示。

复杂的图形是由简单的图形组合而成的，学习简单图形的绘制方法，可以为绘制复杂图形奠定良好的基础。

图 2-1-1　服装上的图形

图 2-1-2　多元素组合的单独图形

图 2-1-3　形状组成的连续图形

图 2-1-4　花边图形

一、Ps 绘制心形图形

Ps 绘制图形常使用形状工具和钢笔工具，绘制图形轮廓，进而填充色彩，这里以简单的心形图形绘制为例，介绍 Ps 绘制图形的基本步骤和方法。涉及的工具包括 Ps 形状、填充、选择、绘制工具，如图 2-1-5 ~图 2-1-11 所示。

二、Ai 心形图形绘制

Ai 在线的绘制方面强于 Ps，因此常把线条轮廓的绘制任务放在 Ai 中完成，然后再根据情况导入到 Ps 里做后期处理及下一步绘制。

Ai 绘制的文件新建选择 A4 纸即可，通过形状工具和钢笔绘制图形轮廓，涉及工具包括形状工具、路径查找器、直接选择工具、混合工具，如图 2-1-12、图 2-1-13 所示。

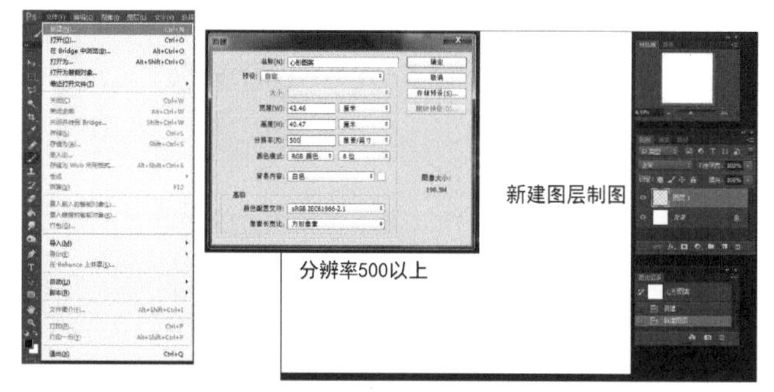

图 2-1-5　新建美国标准纸与图层

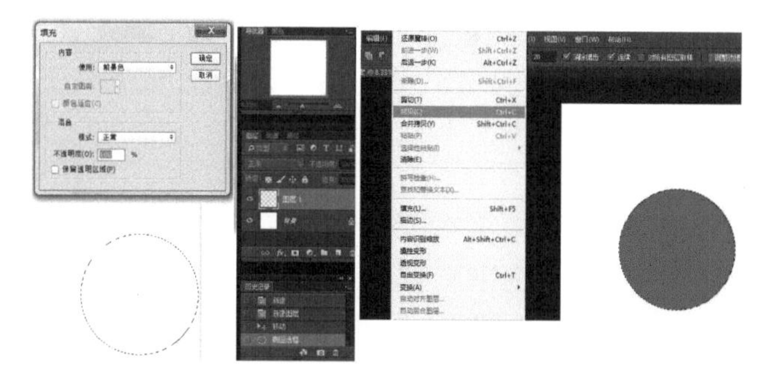

图 2-1-6　Shift+ 椭圆选框工具画正圆并填充操作示意图

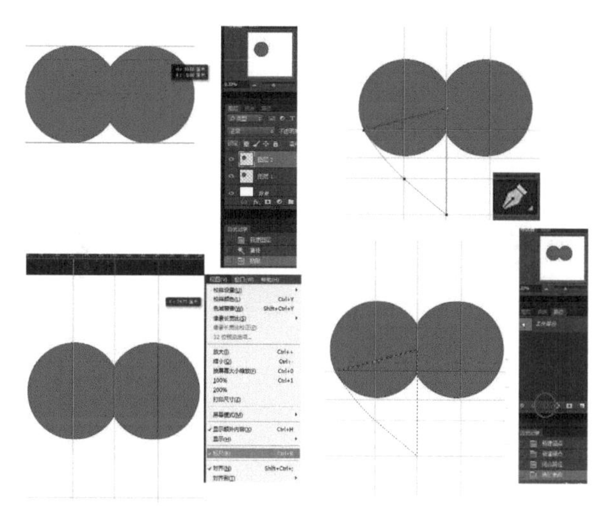

图 2-1-7　复制与钢笔、路径变选区操作示意图

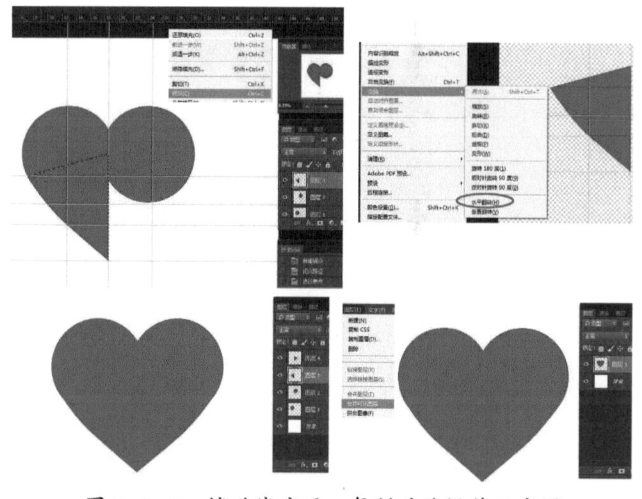

图 2-1-8　辅助线应用、复制对称操作示意图

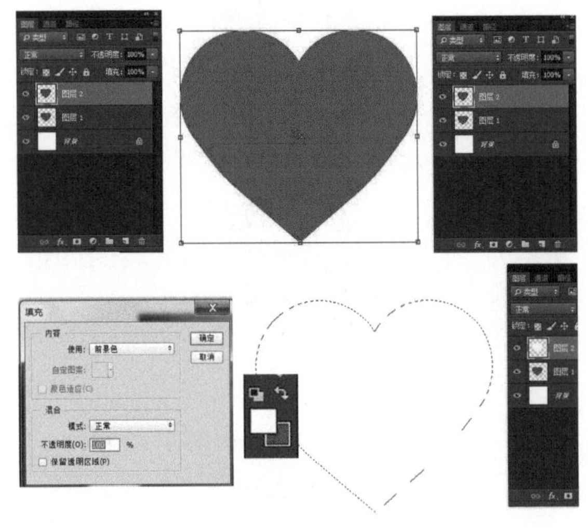

图 2-1-9 复制 - 变换 - 调整大小操作示意图

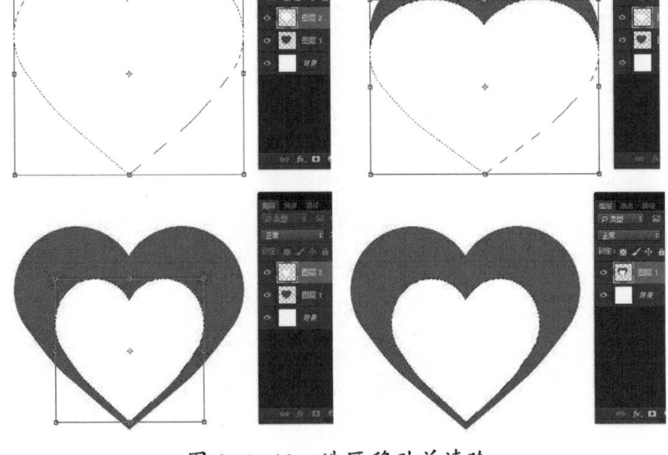

图 2-1-10 选区移动并清除

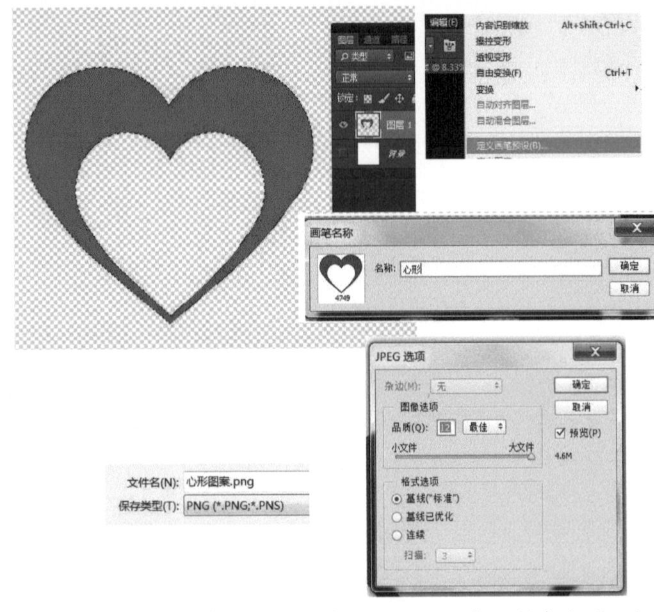

图 2-1-11 透明背景、定义画笔预设、可快速绘制多个图形操作示意图

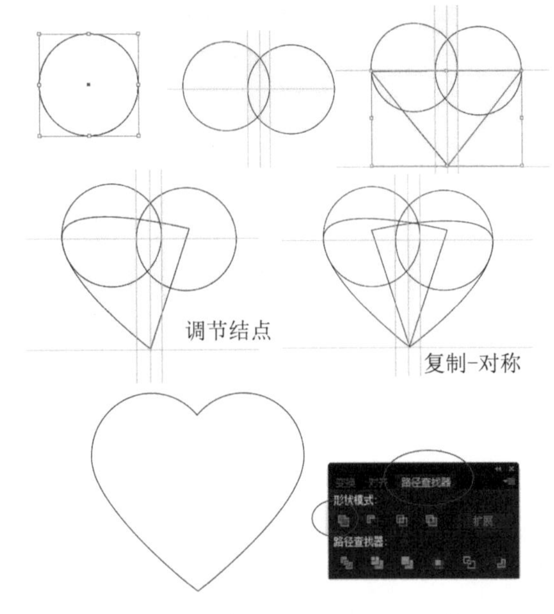

图 2-1-12 形状、标尺、钢笔、路径查找器操作示意图

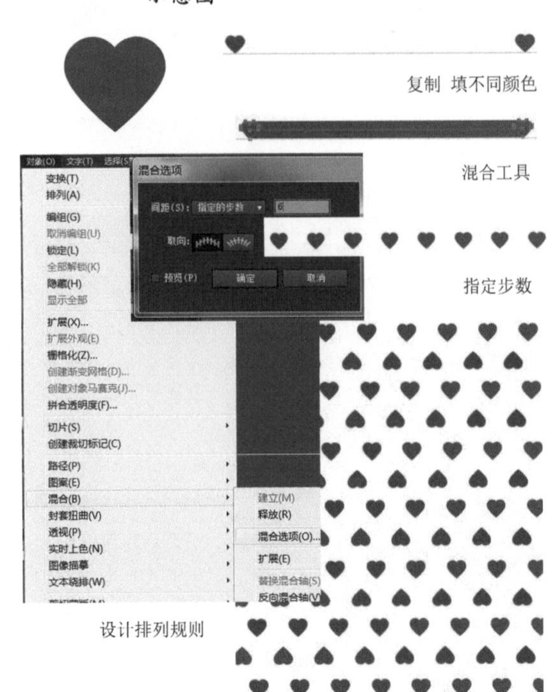

图 2-1-13 Ai 混合工具操作示意图

第二节　单独图形绘制

一、单独图形

服装图形多以简单的形态表现，如简单几何形体的组合，配合颜色对比，经过多种多样的形式组合，就可以表现出丰富多变的服装图形，如图 2-2-1 ~图 2-2-4 所示。

图 2-2-1　图文结合的单独图形

二、单独图形绘制步骤及案例

单独图形绘制一般步骤是，先使用钢笔工具绘制形状，Ai 中最好绘制封闭的轮廓形状，不要急于画细节，外轮廓一个图层、

图 2-2-2　T 恤单独图形

图 2-2-3 写实效果单独图形

细节再建一层，把组成的形状画好，再进行色彩搭配，配色以后再画线条细节，如图 2-2-5 所示。

应用 Ps 可以直接把照片转化为写实图形。找一张可以做素材的照片，在 Ps 中使用裁剪工具裁剪成适当大小，使用“图像－调整－黑白”，再使用对比度调整，即可得到图案效果，也可以使用滤镜工具调整，如图 2-2-6 所示。

图形设计要考虑与服装风格的协调一致，如图 2-2-7 所示。

Ai 单独图形的绘制步骤如图 2-2-8 ~ 图 2-2-16 所示，具体操作方法详见图中标示出的工具。

（1）第一步，新建图层使用画笔工具绘制草图。确

图 2-2-4 童装图形

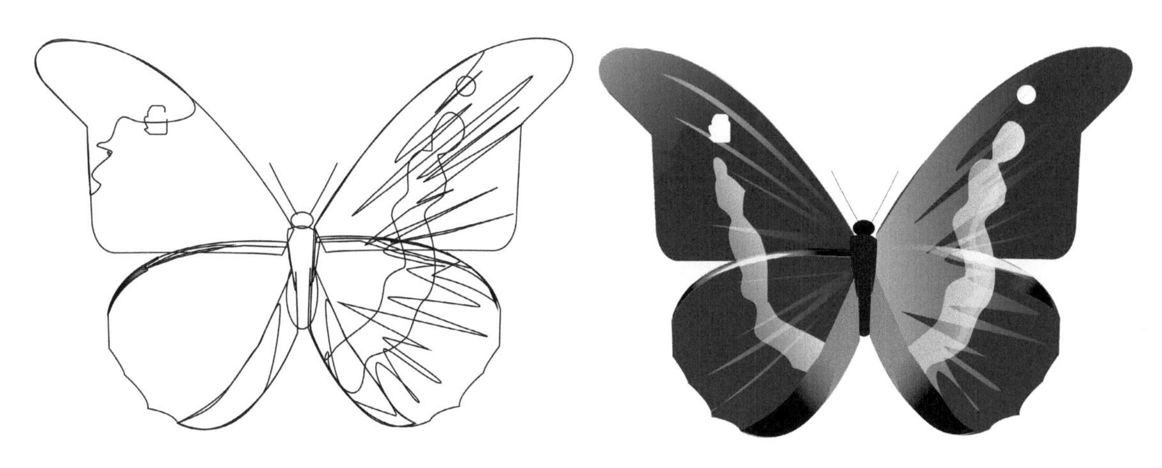

图 2-2-5　Ai 绘制的单独图形

狗狗照片

放在衣服合适位置

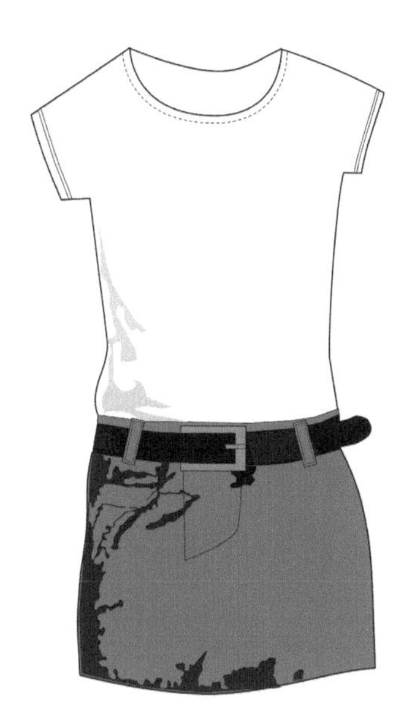

备用的衣服

滤镜或对比度

图 2-2-6　Ps 图片处理得到写实单独图形

图 2-2-7　Ai 绘制的图形与服装协调

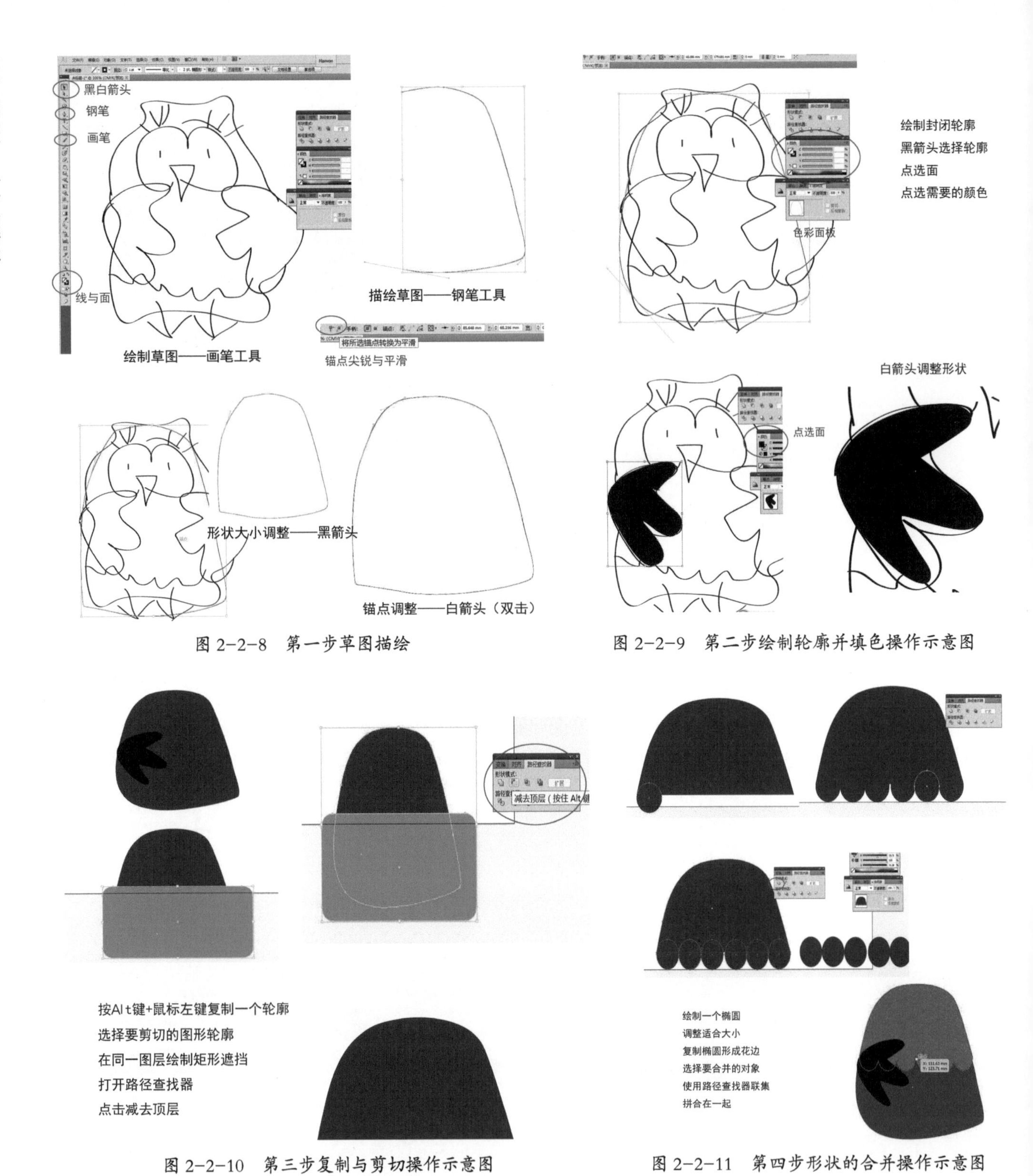

图 2-2-8　第一步草图描绘

图 2-2-9　第二步绘制轮廓并填色操作示意图

图 2-2-10　第三步复制与剪切操作示意图

图 2-2-11　第四步形状的合并操作示意图

定草稿以后，锁住草稿层，再建一层图层，使用钢笔工具参考草稿描绘，使用白箭头调整。如果草稿层颜色太重影响了描绘，可以调整透明度，把草稿层变浅。

（2）第二步，绘制轮廓并填色。使用钢笔工具分层绘制几个主要色块的外轮廓，黑箭头选择轮廓点击色彩填色。白箭头调整好形状以后就可以关闭草稿层的眼睛，以免影响观察。

（3）第三步，使用形状工具和路径查找器，对形状进行组合、拼接和剪切。得到所需要的各种绘制组件和零件。

（4）第四步，形状的拼合；使用复制粘贴把需要的零件拼合成需要的形状。

（5）第五步，分图层绘制。零件众多时，分图层绘制便于查找和修改各个零件，可使用视图中的标尺工具辅助观察对准各个零件。

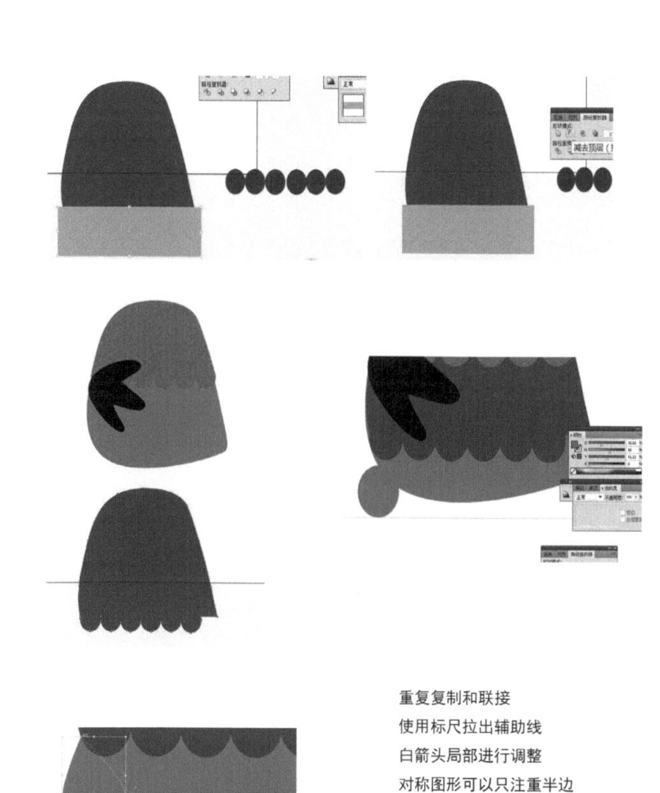

图 2-2-12　第五步分图层绘制操作示意图

（6）第六步，线条绘制。使用钢笔工具，调整钢笔描边的参数，可以得到不同粗细的线条。使用吸管可以吸属性，方便快捷。

（7）第七步，使用对称工具，把可以复制对称的形状进行复制－对称，在使用键盘上的方向键移动对准时，可使用标尺辅助观察。

（8）第八步，最后调整完成以后，进行保存，直接保存是 Ai 格式，以后还可以编辑。如果保存时有链接置入的图片，要注意图片路径和 Ai 作品文件在一个文件夹，如果不在，在其他电脑设备中打开时，图片会丢失。也可以通过导出命令，把图片直接导出成 jpg 格式，方便看图，但这种格式在 Ai 中无法再使用矢量工具编辑。

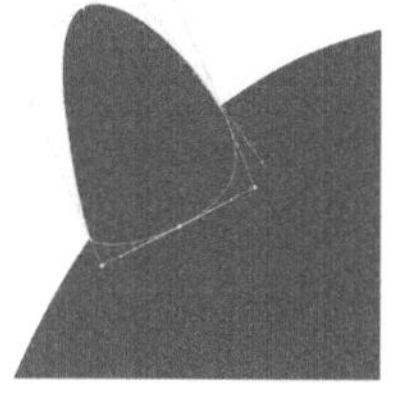

钢笔绘制耳朵　　椭圆形状绘制眼睛

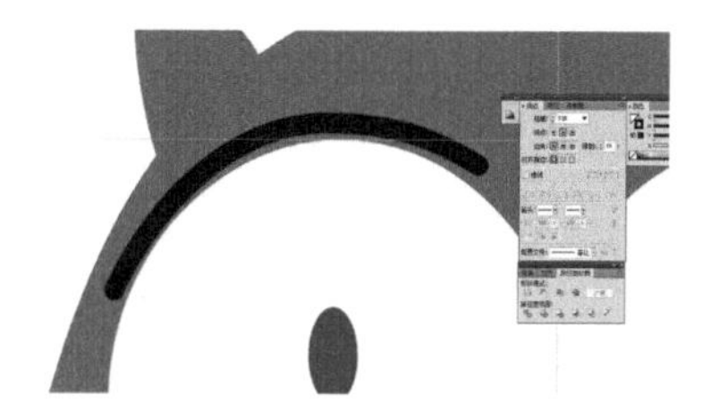

绘制睫毛
点选线
使用钢笔
调整线的粗细

Ai 吸管可以吸属性
对象组合

图 2-2-13　第六步线条绘制操作示意图

完成半边调整　　减去一半

复制

对象－镜像－垂直

根据标尺拼合

使用键盘方向键微调

图 2-2-14　第七步对称操作示意图

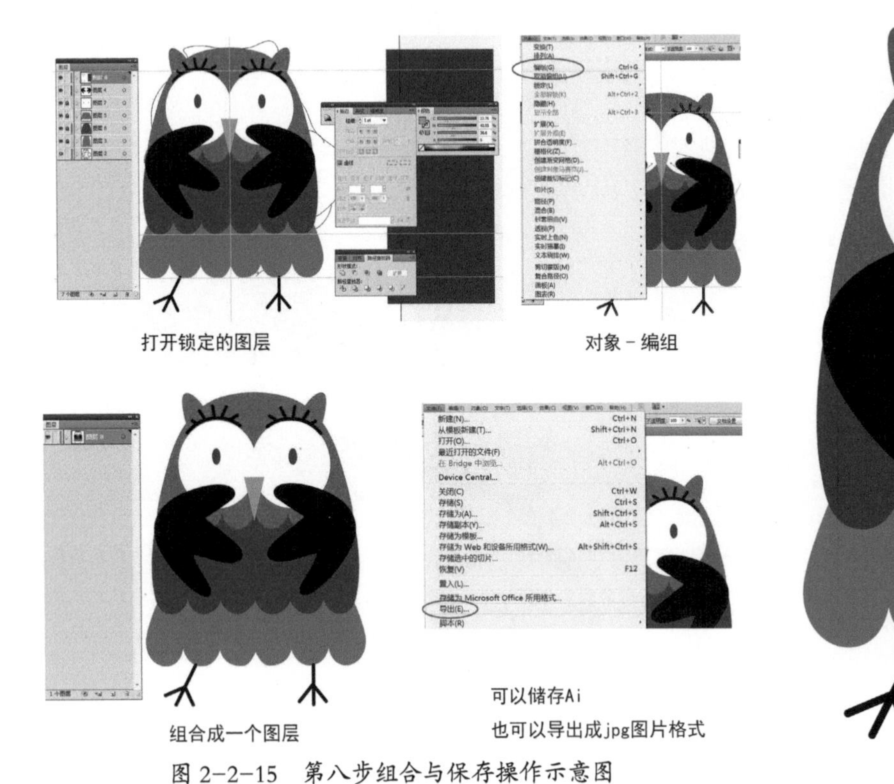

图 2-2-15 第八步组合与保存操作示意图

图 2-2-16 童装猫头鹰图形

第三节 花卉图形绘制

花卉图形美观丰富，是服装中常用的图形种类。

一、花卉临摹

花卉是一种较为复杂的图形，要分清每一个花瓣和颜色层次，找一个已有的花布作为参考，临写花布，使用Ai钢笔工具勾线，注意每一个颜色层次都需要勾画封闭的线，这样才能够方便填充颜色，绘制一个阶段以后，为了方便选择操作，可以把几个色块进行组合，如图2-3-1、图2-3-2所示。

图 2-3-1 Ps花卉绘制步骤

图 2-3-2　花卉图形临摹

二、图片改图形

使用 Ps 的图片处理功能，把复杂的花卉图片改为概括的花卉图形，如图 2-3-3 所示。具体操作方法如下。

(1) 第一步，选择一张花卉图片，置入到新建的美国标准纸中，在变换工具中使用缩放调整合适大小。

(2) 第二步，复制图层，关闭原始图片图层眼睛，在复制图层中进行抠图。先使用魔棒工具清除容易选的周边绿色，可调节容差扩大和缩小选择范围。不宜选择处使用钢笔工具勾画，在路径面板中把路径变成可选区域再清除。

(3) 第三步，在滤镜中使用查找边缘，边观察边调节线条，可以得到线稿的花卉图形。

(4) 第四步，在扣好的图上，使用滤镜中的绘画涂抹和图案化，能够调整图片色彩关系，高光等细节处可使用钢笔工具绘制。

(5) 第五步，在图像－调整里调整色彩，替换和改变颜色。

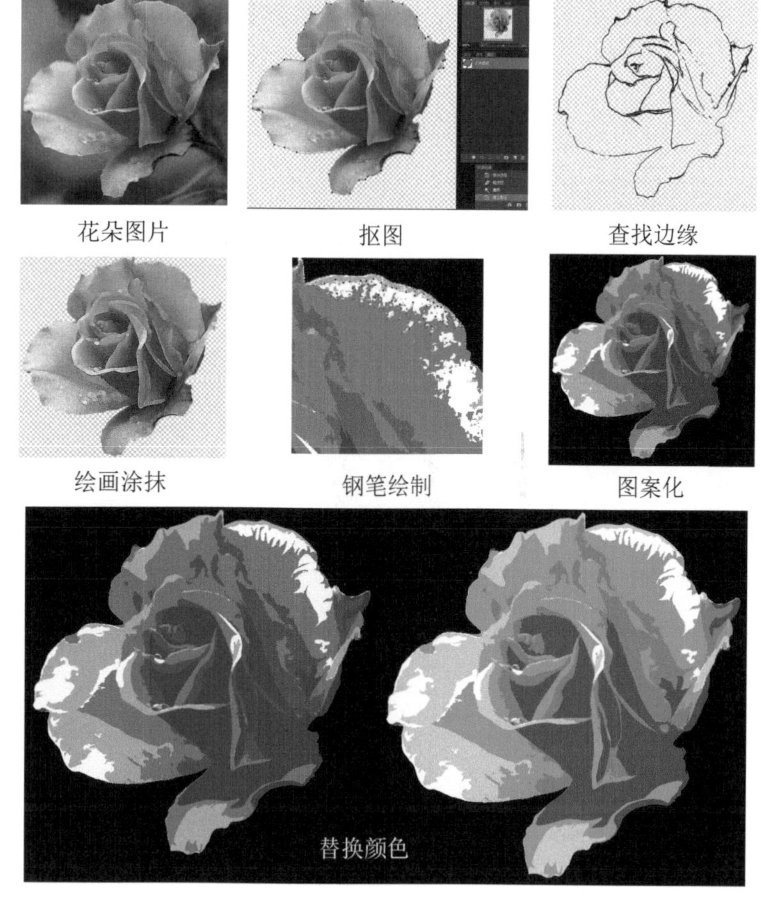

图 2-3-3　Ps 图片改图形操作示意图

三、写实花卉

根据自然写生素材完成的服装图形，多采用色彩过渡表现明暗关系，具有一定的立体感和真实感，在使用数码印花设备的条件下，可以直接印制在服装上。写实图形对自然的花卉进行了艺术提炼和概括，接近于自然而优于自然，如图 2-3-4 所示。

图 2-3-4 写实花卉（Ai）

四、花卉图形绘制基础

花卉图形通常由花瓣和叶片组成，花瓣内侧和外侧颜色不同，外侧伴有纹路，有颜色的层次变化。花卉扁平化设计时，用简单概括的形态变现滑板的层次，组成复杂扁平图形的基本形态往往是十几个简单形态的组合，经过大小变化和重复，形成复杂图形，如图 2-3-5、图 2-3-6 所示。

五、Ai 花边图案

花边是由简单图形组合而成的复杂图形，制作出图形单元，再经过大小、复制、旋转等组合形式，最终形成一个完整的花边图形，如图 2-3-7 ~图 2-3-11 所示。

六、Ps 数位板花卉图形绘制

使用手机就地取材拍摄照片进行创作，拍摄花卉照片，根据照片进行处理和提炼，使用数位板结合 Ps 完成绘制。

写生是获取设计素材的主要途径，户外总会有一些令人耳目一新的生动形象，作为设计人员常出去走走，发现各种触动内心的事物，激发设计感觉，能够得到属于个人的原创素材，为设计工作积累个人素材库。

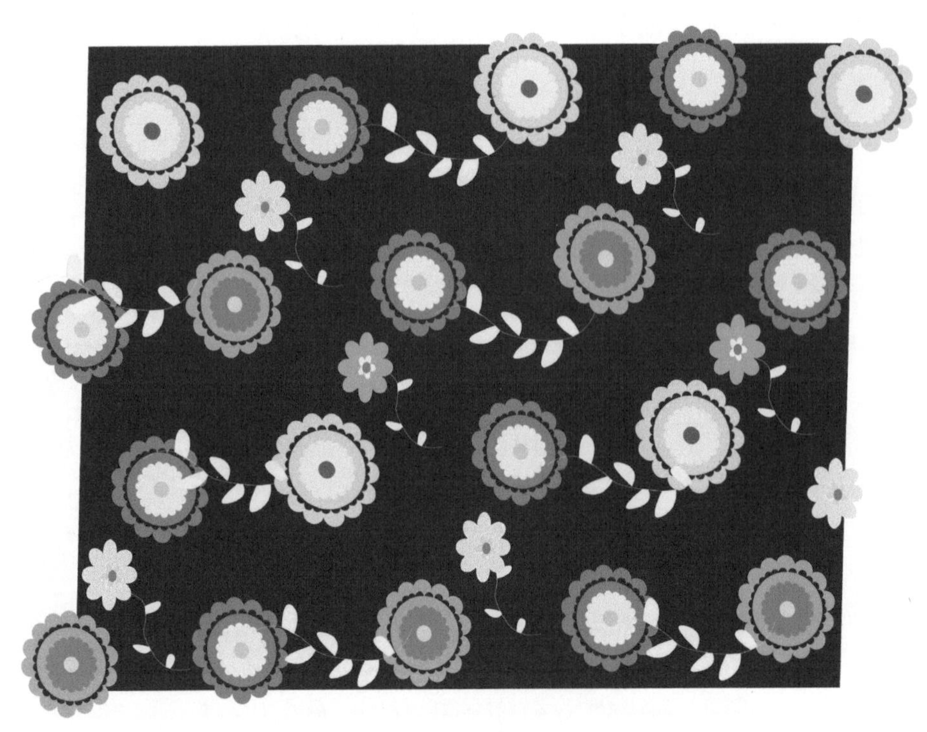

图 2-3-5 概括的扁平化花卉图形

图 2-3-6 复杂图形由简单的单元组成

花卉是服装中主要的图形元素，从传统的印染、绣花到现在的数码印花，花卉图形以各种形式装饰着不同风格的服装。服装根据工艺特点，对图形的要求有所不同。传统印染因成本原因对颜色要求严苛，色彩不宜过多，如丝网印，不仅要求颜色数量，而且不宜有过多分块的过渡渐变，每一个渐变就是一道工序，一个网版。因此，丝网印多采用分色来表现明暗，很少用渐变色表现众多花瓣。本次写生案例设计把数码印花作为印染工艺，可以采用层次丰富的色彩色调。

花卉设计的一般步骤为拍摄花卉素材、导入 Ps、另存文件，避免误操作丢失花卉照片。

Ps 中复制花卉图层，把复制图层透明度调低，便于观测勾线。新建图层，使用数位板（手绘板、手绘屏）在新图层上描绘花卉轮廓线。

注意拍摄照片的像素，如果过小，需要调整到正常绘制大小，这样绘制线条才会清晰，如图 2-3-12 ~ 图 2-3-14 所示。

勾线以后可以关掉照片层，在线条层下新建白色图层，观察花瓣有没有未封闭的地方，补上空隙，彻底封闭便于下面步骤的选择。同时对线条进行美化，不流畅的地方涂掉再接上。

不一定要完全按照照片勾线，自然事物有美也有缺陷，勾线的时候要有所选择，根据自己的审美进行取舍与合并，可以说是对图形初步的设计。

完成勾线就可以进行上色工作，上色之前，新建一个图层临时安排几个色彩层次的色块，色彩由深至浅，有明有暗，作为调色盘，上色时直接用吸管吸取。

上色是一个细心的工作，注意整体的明暗关系，每一片花瓣的明暗走向，体现自然效果，不宜千篇一律。本次上色使用 Ps 渐变拉出每一片花瓣色彩，上色以后可以减弱或关掉线稿层，也可以把线稿变成其他颜色。

绘制完成以后图形保存成 psd 文件，便于以后修改。同时，另存一个 jpg 格式文件，可以作为素材使用。绘制一个服装款式图，花卉调整大小和方向，贴入到服装的相应部位，完成服装的印花设计，如图 2-3-15 所示。

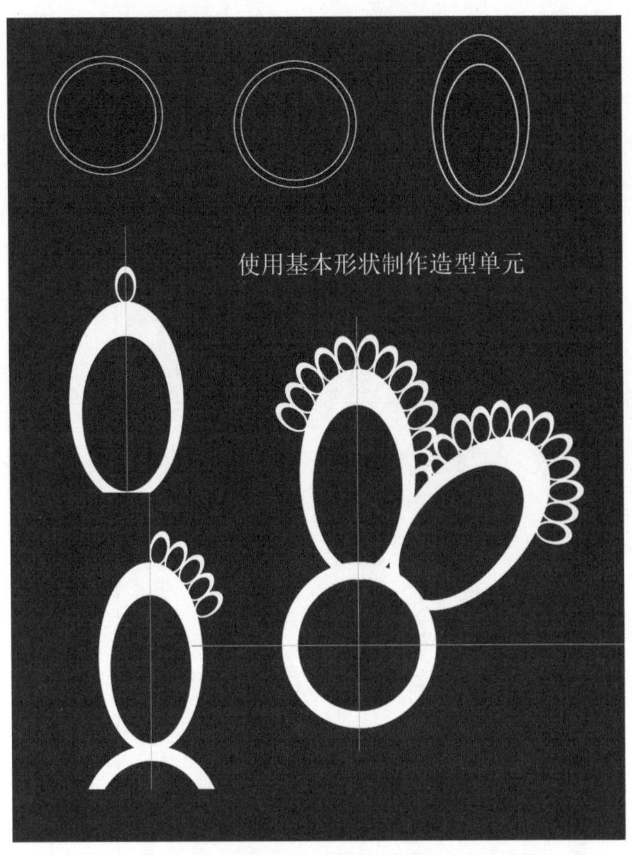

图 2-3-7 形状工具和路径查找器的应用操作示意图

图 2-3-8 旋转、组合与复制操作示意图

图 2-3-9 钢笔工具应用操作示意图

图 2-3-10 组合成单元后进行图形布局操作示意图

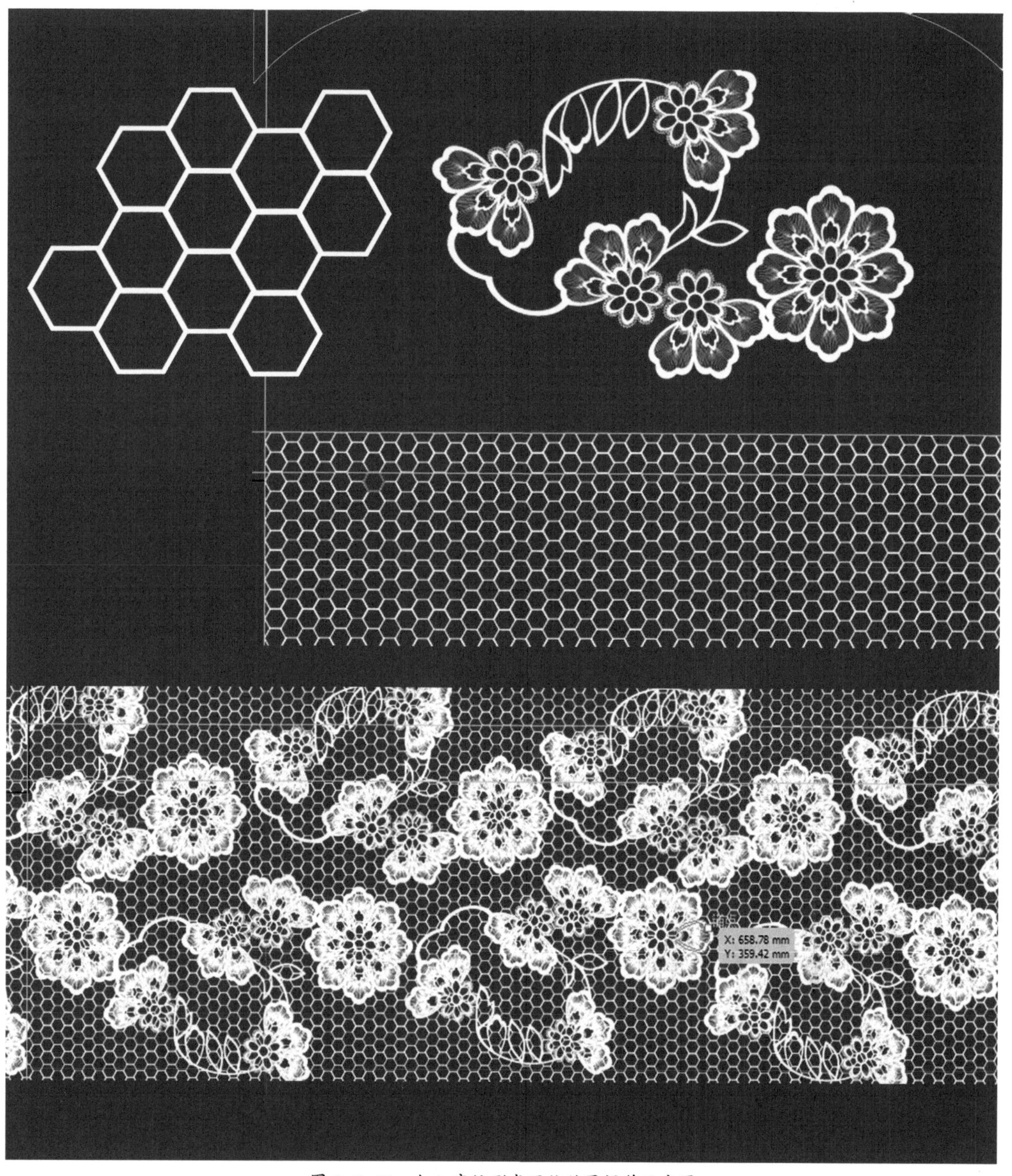

图 2-3-11　加入底纹形成网状效果操作示意图

拍照

导入电脑 - 复制图层 - 新建图层

数位板 手绘板 手绘屏

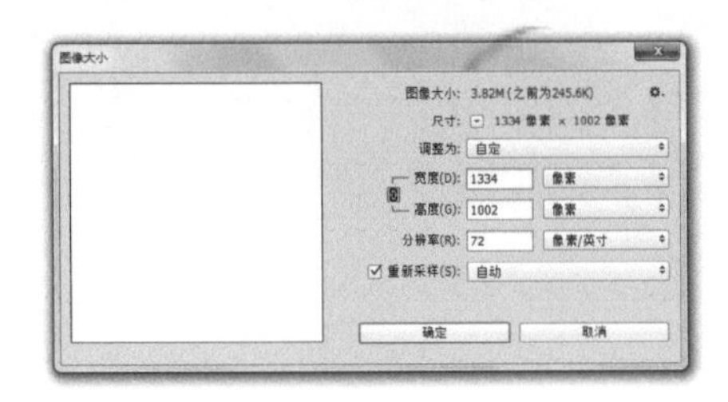

设置图像大小

图 2-3-12 手机采集素材、准备制图操作示意图

新图层勾线 - 垫白底

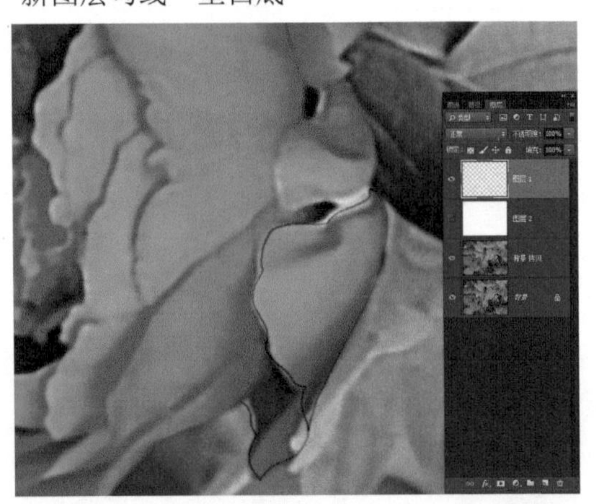

调低图片透明度

完成线稿

由深到浅调色盘 吸管

图 2-3-13 数位板描摹勾线并设置深、中、浅颜色操作示意图

图 2-3-14　通过选区填充渐变色操作示意图

图 2-3-15　将图案贴入服装中

第四节 图形设计

软件工具通过一段时间的练习可以逐渐熟悉，而设计则需要了解方法，设计是创新的活动，电脑的软件和硬件设备为设计创新提供帮助。通过以下图形设计案例，了解几个服装设计创新的方法。

一、画着画着就设计出来了——鼠绘北极熊

服装设计除了脑子去想、去规划，更多的是画图，画图的过程中边画、边看、边想、边改，设计的初稿就出来了。

鼠绘是使用鼠标绘制的简称，人手掌握鼠标不如拿笔那样控制自如，通常情况下鼠绘是通过软件中的控制点绘制有规律的线条，如果不借助工具，只用鼠标制图，由于控制不便，画出的线歪歪扭扭，这是鼠绘中的大忌。

然而有时却可以成为特色，童装图形设计利用鼠绘的颤抖和不规律的效果，表现北极熊蓬松的皮毛，笨拙的笔触恰好表达一种儿童画般的童趣，具有幼稚笨拙的可爱效果。结合同样风格的字体，不考虑画得是不是准确优美，在随性行笔中完成了具有涂鸦风格的设计。

设计没有一定之规，合适合用就好。实际创作中，需根据具体情况打破常规，大胆尝试，在绘制创作的过程中，设计效果就出来了，如图 2-4-1、图 2-4-2 所示。

二、改出来的设计——T 恤图形设计

改动也是设计的一种方法，根据准备的素材，结合设计人员的审美和软件使用技巧，经过变形、组合和添加等改动，最终形成设计。

字体在服装上应用较多，绘图软件都提供有文字功能，在基本的文字完成后，通常要对文字造型进行修改，修改的过程就是设计的过程，包括文字的粗细、字体、构造、线条、色彩、纹理等的修改。同时，Ps 的一个重要功能就是对图片的修改和处理，因而设计人员可以很快地得到一个由图片修改而来的图形，结合文字应用在服装上。

以印第安酋长 T 恤图形设计为例来说明其数码设计方法。首先准备与酋长相关的素材图片，图片可尝试滤镜中多种处理方式，调试到自己满意为止。然后打出文字，对文字粗细进行调整，根据设计风格，处理出具有蛮荒质感的肌理，填充在文字中，最后拼合图形和文字，放置在服装合适位置，如图 2-4-3 ~图 2-4-5 所示。

三、拼合——几何抽象图形设计

设计是一件快乐的工作，各种形象由你控制和安排，在这个空间里你就是造物者。当然除了纯设计，商业性的设

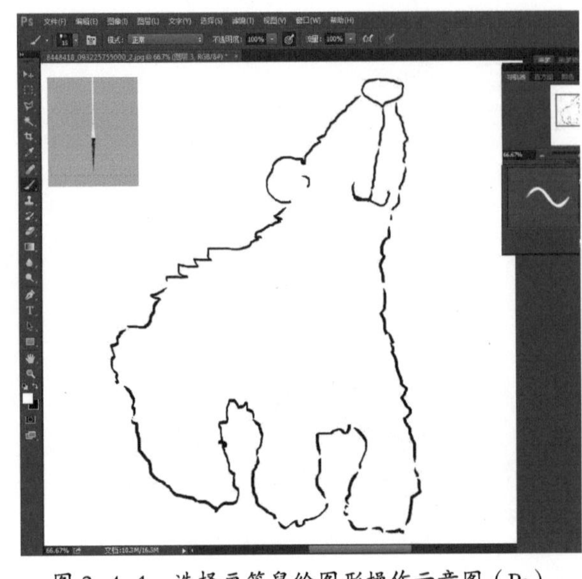

图 2-4-1 选择画笔鼠绘图形操作示意图（Ps）

图 2-4-2 童装图形设计

计或多或少会有所约束，但是依然会留有足够的空间让设计人员自由发挥他的创造力。

服装中抽象图形是相对于具象而言的，在服装中应用广泛，包括印花图形、织物组织、材质肌理、花边装饰等。

抽象图形从形态上分为有规律的几何图形和自由图形，电脑绘制在绘制几何形态、重复、变形等方面非常便捷，为设计大面积服装抽象图形节省了时间。

设计抽象图形可以从基本图形单元入手，把几个基本单元拼合到一起形成一个循环单元，类似于玩拼图游戏，设计人员根据自己的设想，调整位置和大小。最后通过复制合并工具，反复几次就可以得到一个大面积的抽象图形的材质，如图 2-4-6 所示。

图 2-4-3　搜集创作主题与素材

图 2-4-4　Ps 酋长图形设计

图 2-4-5 T 恤衫中安排图形位置

创建几何体

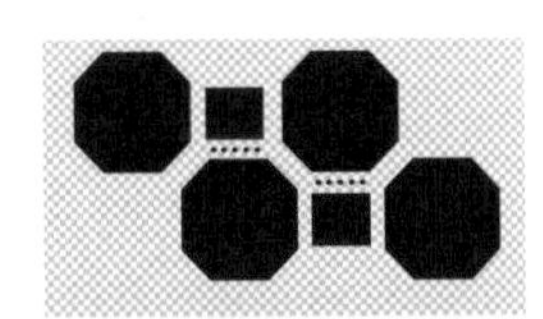

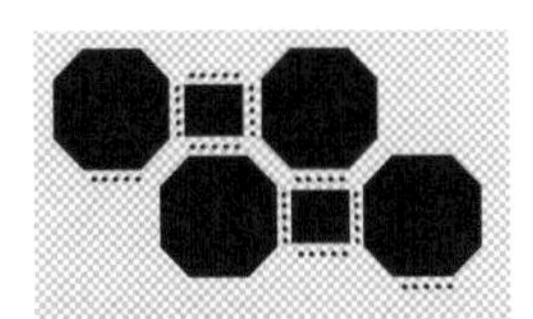

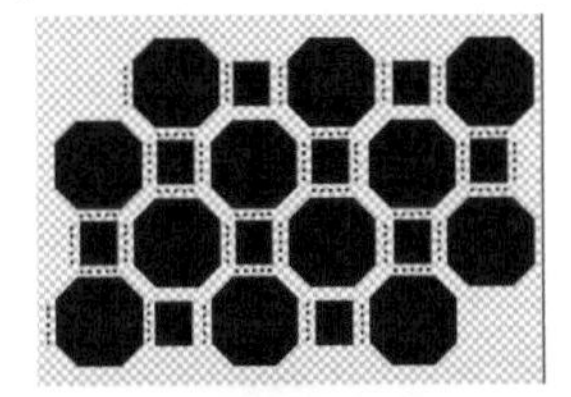

制作单元组织

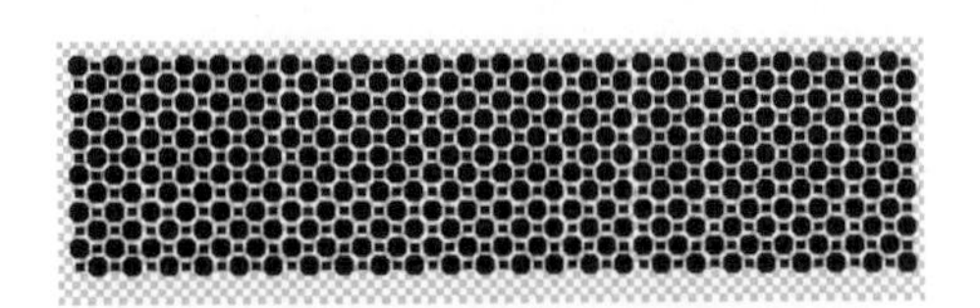

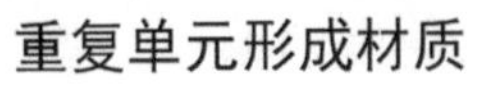

材质应用

图 2-4-6 几何图形（Ps）

四、借鉴——花卉图形

图形设计在具体的工作中可 根据情况采取不同的设计方法，设计人员在熟悉软件工具的情况下，根据软件的性能，就能够不断开发出各种新的方法。

例如借鉴传统艺术的表现手法，学习工笔花卉的用笔和上色，调整画笔工具的形状为斜向扁圆，这样使用数位板绘制时，线条就会有变化，具有白描线条的效果。上色阶段，调整画笔笔触为不规则散点，涂色时轻轻落笔涂色，反复几次，就会出现过渡均匀的效果，如图 2-4-7 所示。

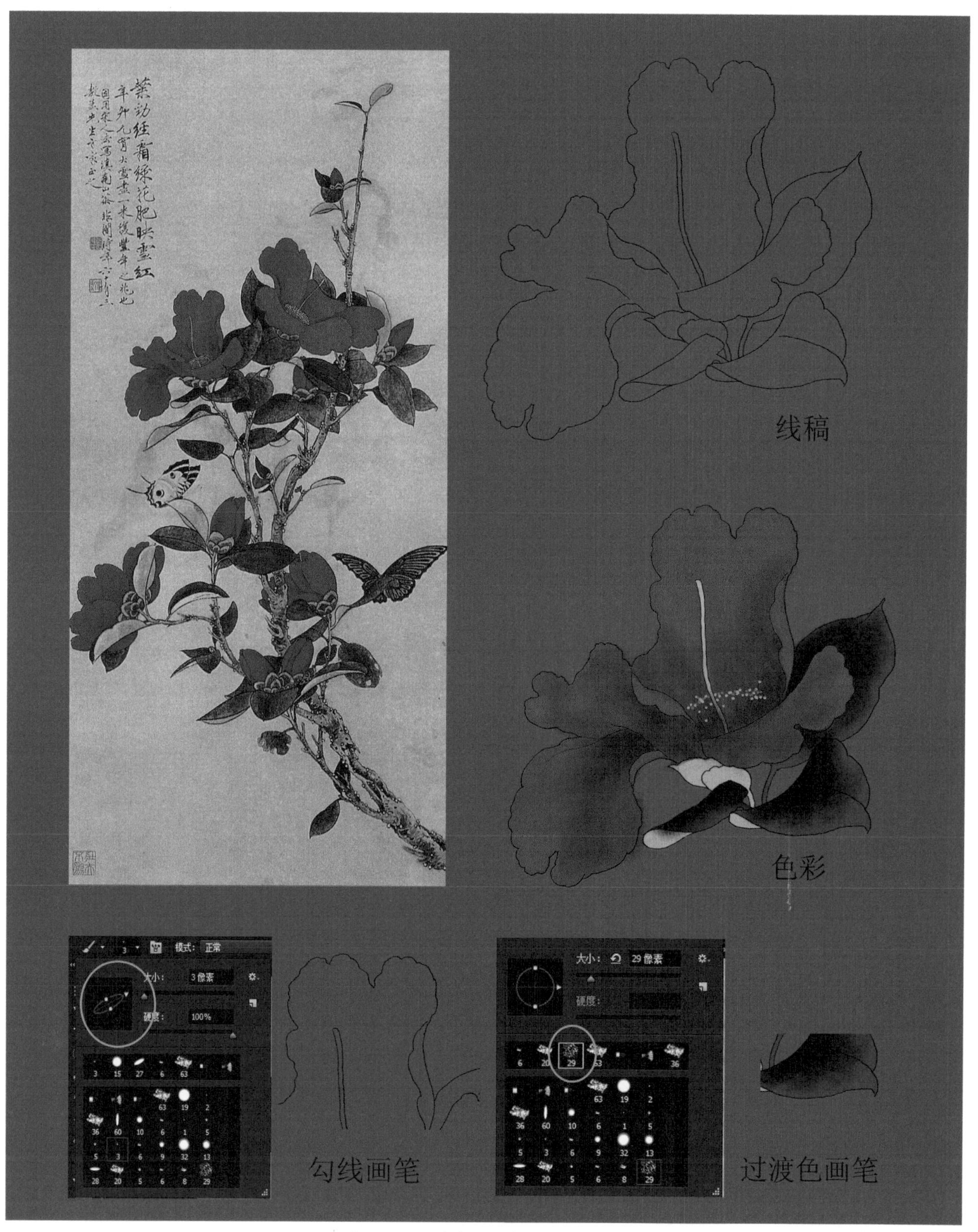

图 2-4-7 借鉴传统表现技法（Ps）

第三章

款式图设计与绘制

在实际工作中，设计文件是企业间进行设计交流与签订合同协议的重要依据，为了确定设计与生产，设计文件是前期相互讨论、不断修改的依据，一旦确定下来，就会成为彼此是否按照承诺完成工作的主要证据，因此，设计文件需要严谨和真实。另一方面，如同建筑招标的效果图一样，服装订制也需要美观的效果图等文件，用来吸引客户兴趣，实现相互合作。正式设计类文件包括效果图、款式图和设计说明。

第一节 不同类别款式图的要求

款式图表现服装的外观样式，是产品生产之前的图纸，在细节、材料、配色和比例上与实际产品相同。

一、招标类文件

服装企业商业经营运作中，相互交流和商贸沟通时，除了必要的法律文件和合同等文字说明外，还需要具体的服装产品的款式图，这类服装图文在企业间进行服装商业活动时起到了重要作用，统称为招标类文件。

（一）服装搭配款式图

服装销售中的系列化搭配能够满足消费者整体装扮的需要，免除了为给衣服找鞋这样的麻烦，系列化搭配是商家买手向不同企业组织货源，最终组合在一起的一种经营方式。系列搭配形式多样，不仅有系列服装，还有针对个体的上下装搭配、可更换的套装搭配、内外衣搭配和服饰搭配。

服装搭配设计是在保持风格统一的前提下更换穿着。多层服装之间配合的内外搭配，如西装配合衬衫，就是内外衣搭配穿着的经典案例，组成了一个整体的穿着效果。除了主体服装搭配外，还要搭配风格相近的眼镜、帽子、鞋、丝巾和饰品，形成具有整体感的完整设计生态，如图 3-1-1、图 3-1-2 所示。

（二）系列化效果图文件

系列化服装提供了多种方案为用户提供选择，在一个主题风格中延展出细节上的不同特色，形成一个季节的流行主题。系列化服装往往就某一服装元素进行统一，使人一眼就能够看出这是一类产品，如在色调上进行统一，款式上进行各自不同的变化设计，如图 3-1-3 所示。

（三）招标类效果图文件的必备特点

1. 绘制精美，有表现力，能够吸引眼球

招标类文件是拿出来给客户看的，画面的构图要求符合人们的审美习惯，虚实相间，摆放的服装尽可能自然生动，可以根据情况适当加一些背景，但要注意以突出服装为主，注重形式美感。

2. 服装设计新颖独特、整体感强

平淡过时的服装，绘制再精美也不会引起客户的兴趣，要有几个突出的设计点，如色彩、款式、图案等方面与众不同。设计的整体风格突出，主题鲜明，如浪漫风格、淑女风格、复古风格等。

3. 细节清晰、接近实物

尽可能绘制的逼真，使客户知道他将要得到产品的具体样式，不宜随意夸张，有时逼真会比随意夸张更能带给人感染力。因此，需要改掉学习时装画时形成的习惯表现方式，重视实际服装的大小比例和服装细节表现。

4. 适当的文字说明

对于服装上需要强调的重点和特点，可适当地引入简洁的文字加以说明，进一步加强客户对服装的了解。

二、生产管理类文件

生产管理类文件是确定下来应用于生产管理的设计文件，具有较强的合同效力，是商贸往来的重要依据和凭证。生产管理文件一旦形成，就不能随意修改，应严格按照所示图形制作完成服装。

款式图是服装生产管理文件的主要内容之一，生产厂商以此为依据组织生产。生产管理类文件在形式感上没有过多要求，要达到能看清、能看懂，交代明确。一般以黑白线的形式表现，便于传真，服装的形态和重点细节要完整体现，没有模糊不清的绘制，一般要求绘制服装的正反两面，使服装更加明确。

可以用简洁的文字对细节工艺进行说明，外部轮廓采用粗实线强调，衣褶用较轻的线条辅助表现，有时有色卡、面料小样对照，对企业生产起到很好的指导作用。没有必要的内容坚决不画，文字力求简洁易懂，避免文字和图形造成的错误解读和歧义，做到简洁明了、真实具体，如图 3-1-4 ~图 3-1-6 所示。

图 3-1-1 上下、内外搭配款式图

图 3-1-2　可更换套装搭配款式图

图 3-1-3 系列女上衣款式图

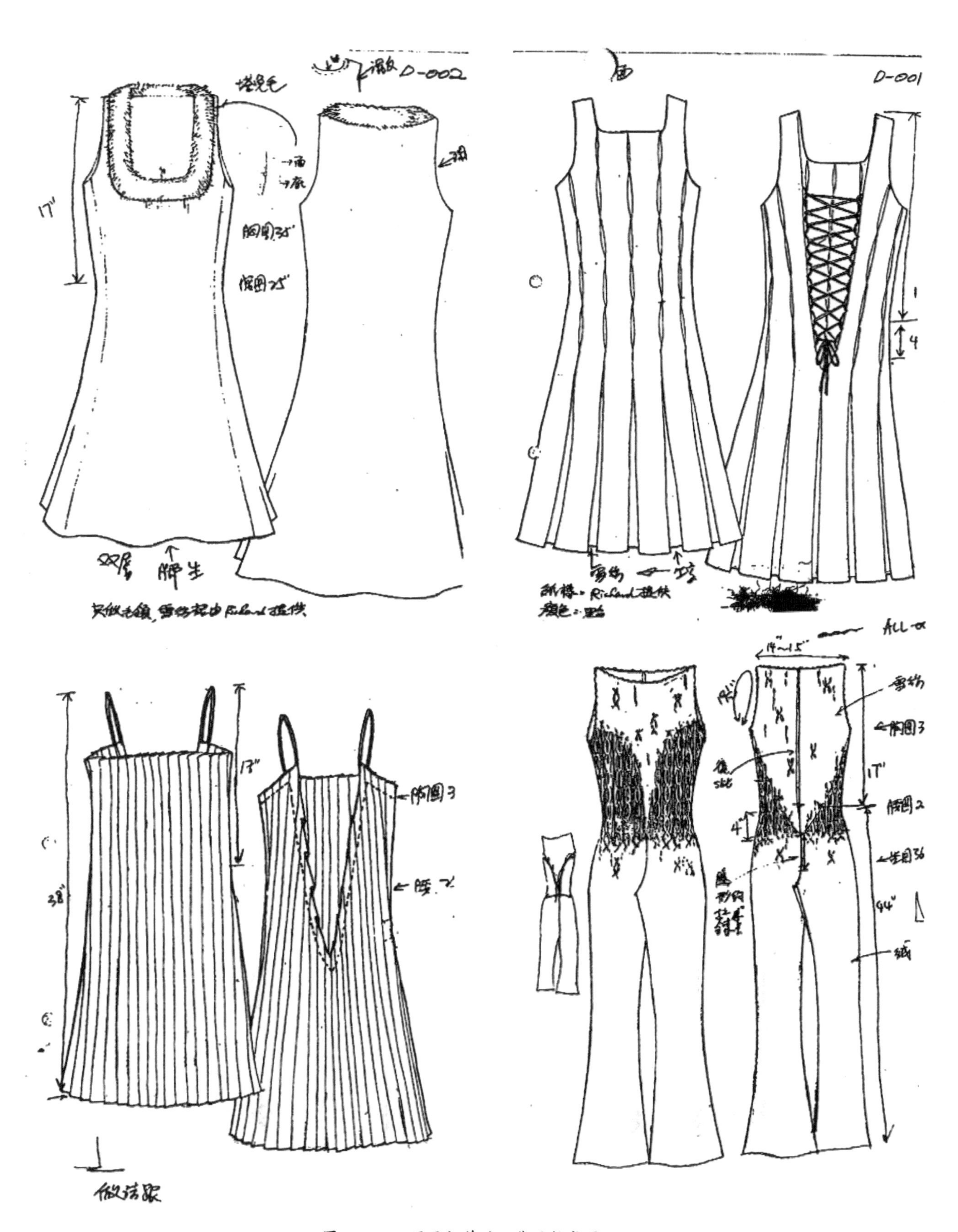

图 3-1-4　用于订单的正背面款式图

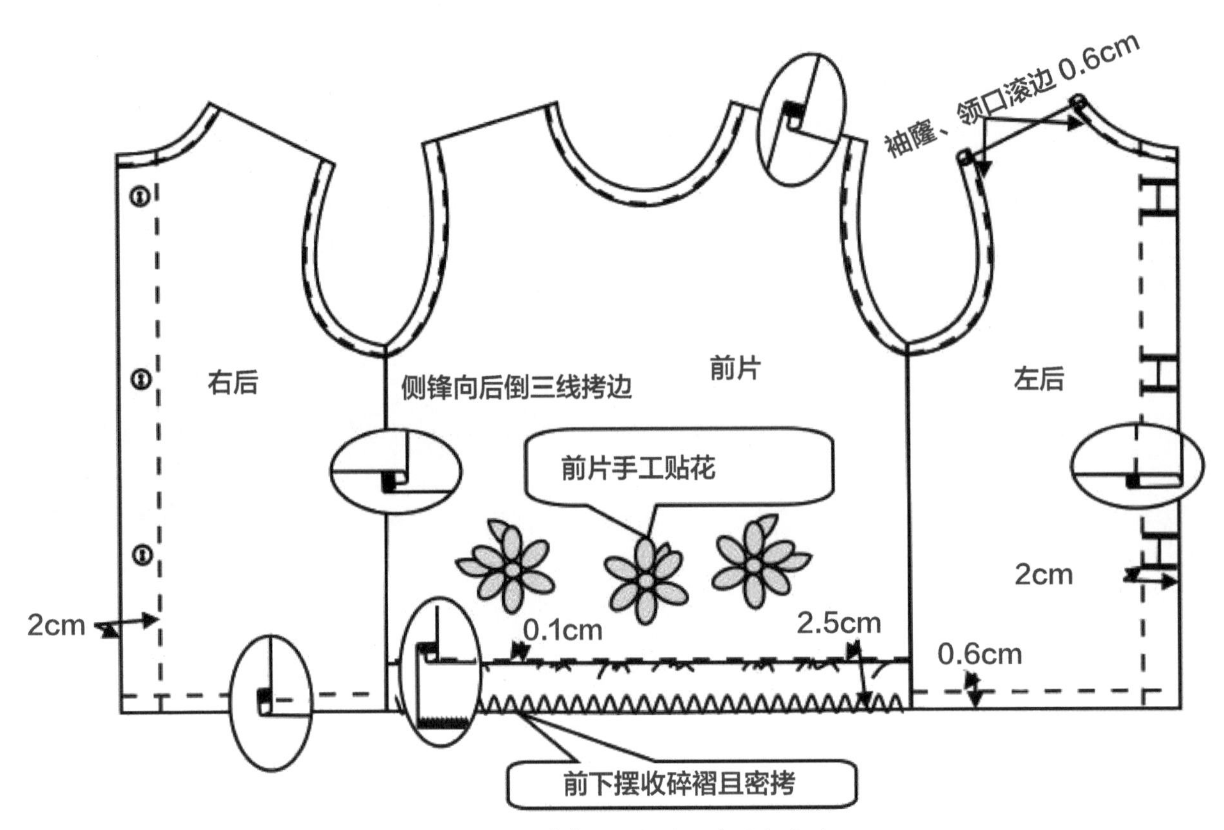

图 3-1-5 带有工艺构造示意的款式图

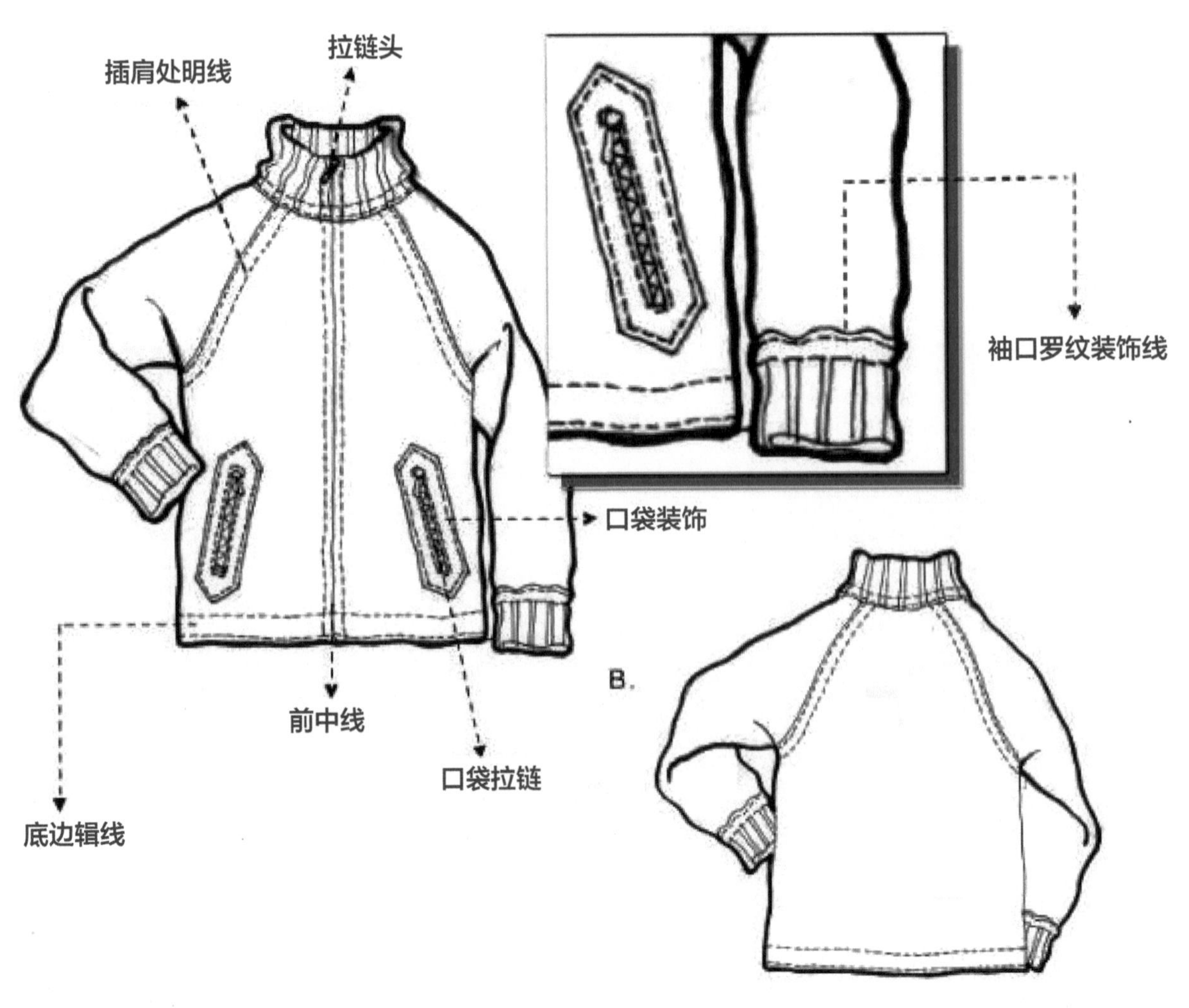

图 3-1-6 生产管理用款式图

三、款式图绘制要求

（一）了解服装的构造

了解服装的基本构造是服装设计的基础，服装经过长期的演变才逐渐形成了当前相对固定的样式，市场中的服装品种有基本稳定的样式，设计大多是在其基础上产生新的变化。常规样式经过生活穿用的检验，实用性强，因而样式会保持长期基本不变，了解和熟悉常规样式，能够在保证服装实用性的基础上，设计出市场需要的新产品。

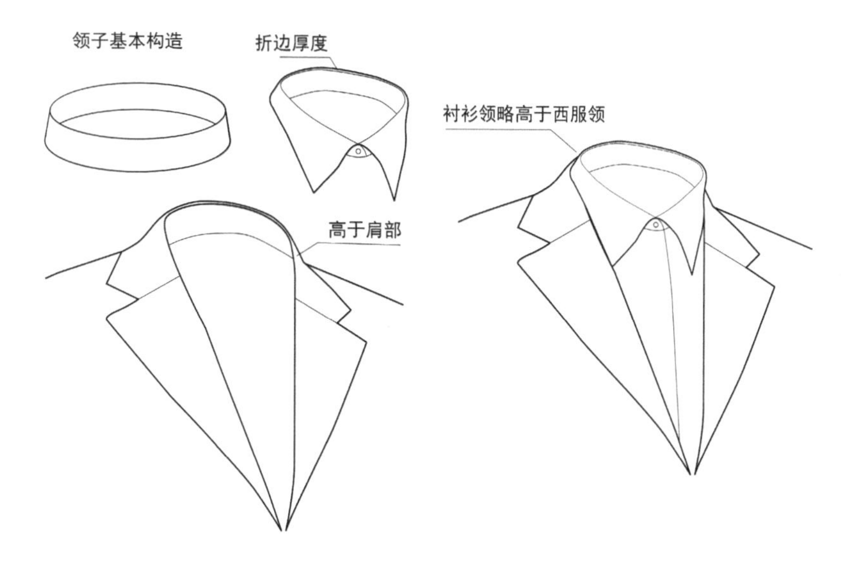

图 3-1-7　西服领样式

绘制领子时要注意人体颈部呈下面大，向上略收的形态，面料自然趴伏在颈部上。由于面料自身的厚度，底领和面领之间会有一定的折边厚度，薄型面料厚度可以忽略不计。领子由肩部的领底开始向上，外套类服装为了体现挺括效果，采用较厚的材料，与皮肤的触感不佳。而内部的服装选用细腻柔软的材料，触感较为理想。一般情况下贴身穿服装的领子要高于外穿服装的衣领，以减轻外部服装与皮肤的接触，增强穿着舒适性，如图 3-1-7 所示。

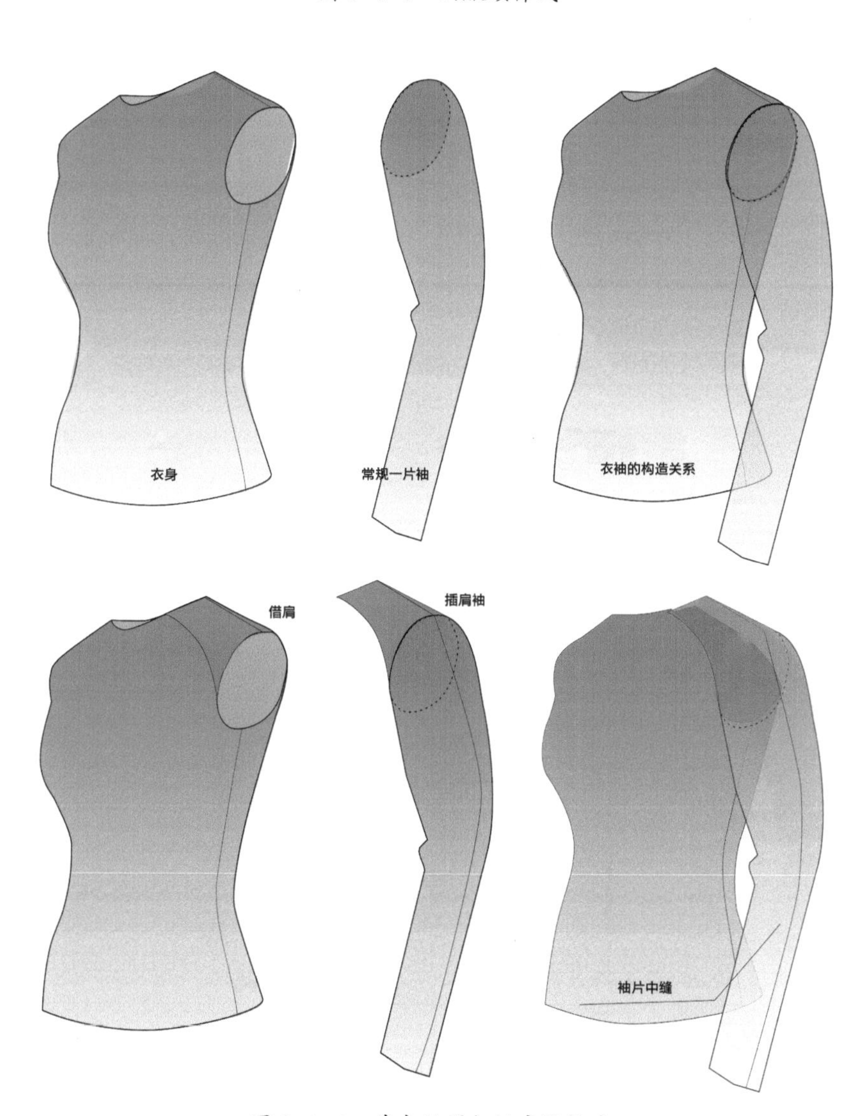

图 3-1-8　基本袖型与插肩袖构造

袖子形态关系到整件服装的平衡和对称，尤其是与衣身部分的连接处的设计，不仅关系到上肢能否活动自如，同时直接影响着服装的美观。袖子的绘制要了解上肢体态与袖型的关系，考虑上肢活动的特点、袖身的宽度，了解袖型的不同造型特点和结构。此外，从袖子的外观轮廓来看，还有喇叭袖、火腿袖、蓬蓬袖等，袖子的设计更多的是作为衣身造型的补充，由于手臂运动频繁，动态时产生的效果是设计时要考虑的内容之一，如图 3-1-8 所示。

了解服装的构造是把款式图画好、画准确的基础，因此要认真观察服装，观察人体穿衣规律，了解服装结构的知识。

（二）符合实际比例

款式图要符合人体比例，同时符合实际产品比例。在绘制时可以使用人台或真实人体图片作为参照，以保证绘制的服装不会因夸张变形，而失去其准确性，如图 3-1-9 所示。

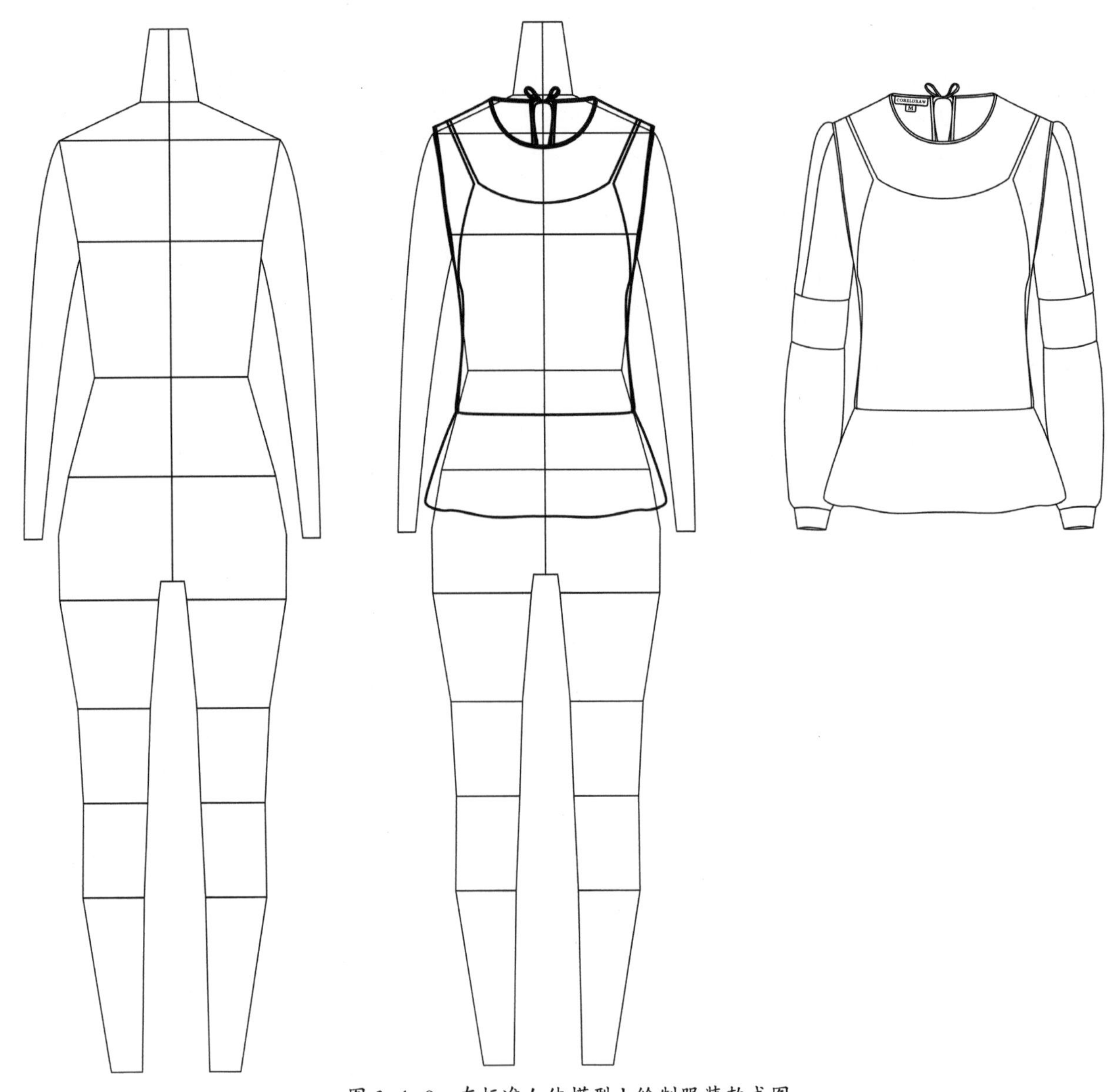
图 3-1-9　在标准人体模型山绘制服装款式图

第二节　款式图绘制

一、款式图绘制方法

（一）根据人体模型绘制

参考实际人体或人台，使用 Ai 描绘出准确的人体模型。在人体模型上参考服装辅助线（胸围、腰围和臀围等），按照服装实际穿着位置和方式绘制服装，注意人体支撑服装的部位和服装面料的下垂，如图 3-2-1 所示。

绘制一个好看并标准的人体模型，有助于激发绘制热情，如果在一个难看、呆板、形态不准的人台上绘制，绘制的形态会受到影响，表现效果也会大打折扣。因此需要认真地建立几个好的人体模型。人体模型类似于服装结构中的原型，可以反复使用，如图 3-2-2 所示。

（二）根据已有款式改动

数码的优势是复制和存储方便，建立款式图素材库，把画过的款式分类存好，需要的时候，把相似的款式复制出

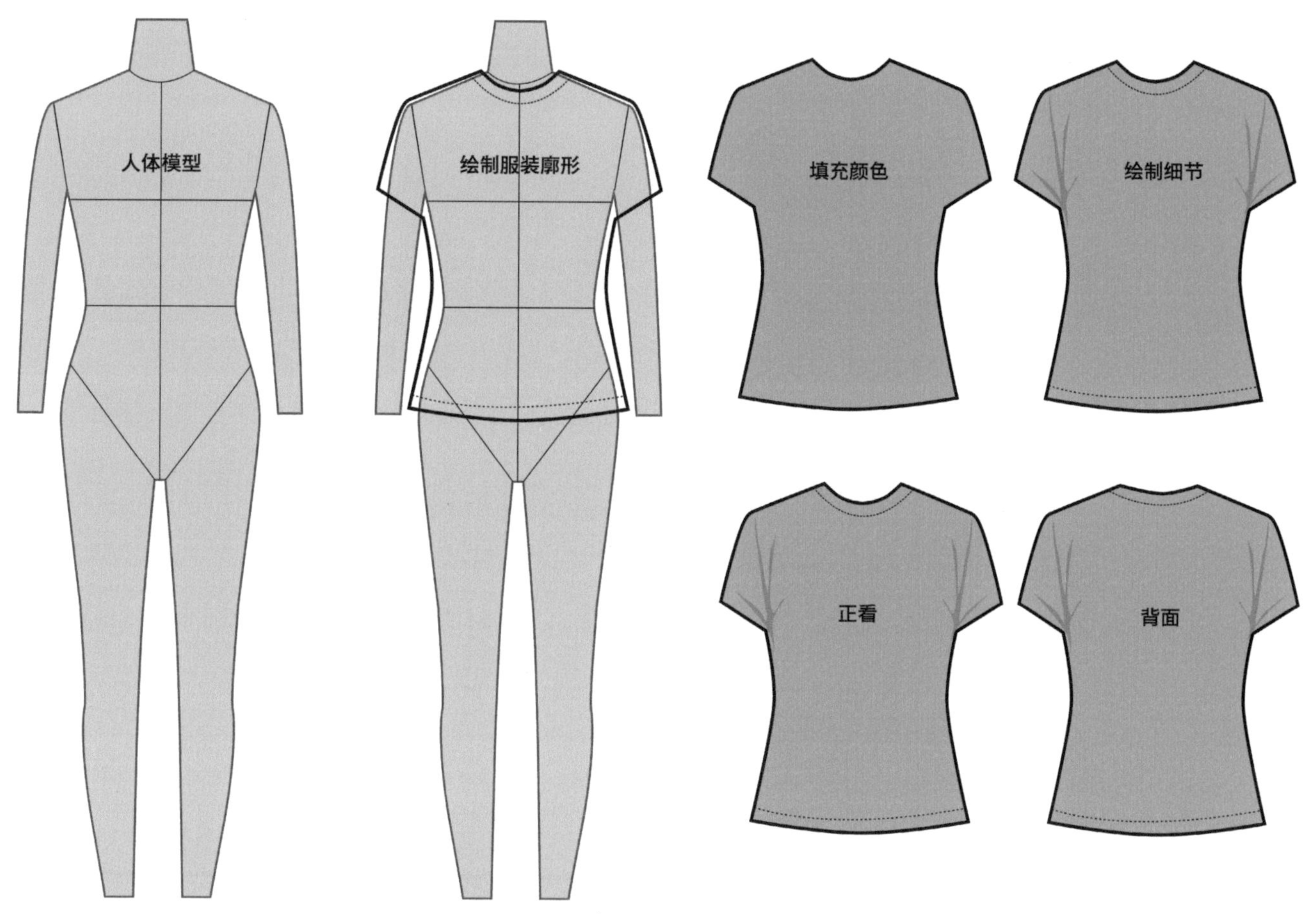

图 3-2-1　在人体模型上绘制款式图

来，在其基础上进行改动设计，多用于廓型变化不大、细节有变化的服装品种，如图 3-2-3 所示。

（三）区域设色

在 Ps 中先画出服装线稿，再在线稿上选择一块块区域填色，可以通过分图层管理色块，适合于色彩较多的服装，如图 3-2-4 所示。

（四）模拟真实服装

服装千变万化，通过临摹真实服装图片，可以熟悉各类服装，并掌握不同服装的款式图处理方法，提高自己的概括能力和抓住重点的能力，如图 3-2-5 所示。

（五）模拟服装效果

款式图除了简单的勾线，为了更加生动地表现服装，还可以用色彩、色调、明暗、线条等手法进行表现，如反光、光照、调整光线等效果，衣服起伏形成的明暗关系，服装的褶皱纹理，线条的张弛等。通过模拟真实服装效果，能够使款式图更具表现力，如图 3-2-6、图 3-2-7 所示。

二、 款式图综合表现

款式图绘制表现没有一定之规，在符合款式图要求的前提下，可以采取多种方式进行综合表现。

（一）以线条为主的线与面的结合

以线条为主，用线表现衣纹起伏，用大面积色块表现服装颜色，小色块表现色彩层次关系，清晰并且交代明了，是款式图常用的综合表现方式，如图 3-2-8、图 3-2-9 所示。

（二）以色块为主的线面结合

用色块表现服装，辅助较少的线条，色彩表现充分，突出色彩对比效果，如图 3-2-10 所示。

（三）明暗调子表现

采用明暗调子表现服装款式图，具有写实效果，如图 3-2-11 所示。

（四）螺纹绘制

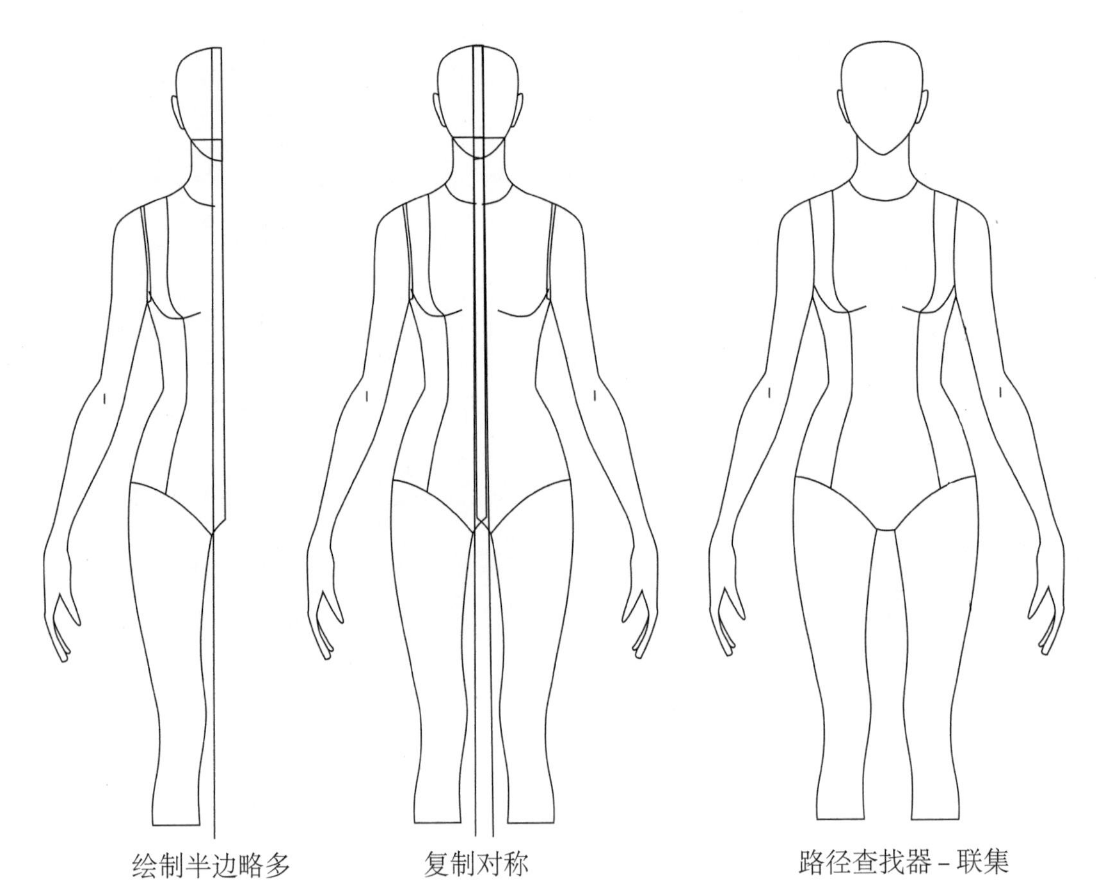

图 3-2-2 Ai 绘制人体模型

图 3-2-3 直筒裤素材上的细节改动

①勾线：外轮廓略粗，线条不宜过直，要有一定的弯曲，表现衣物的柔软感

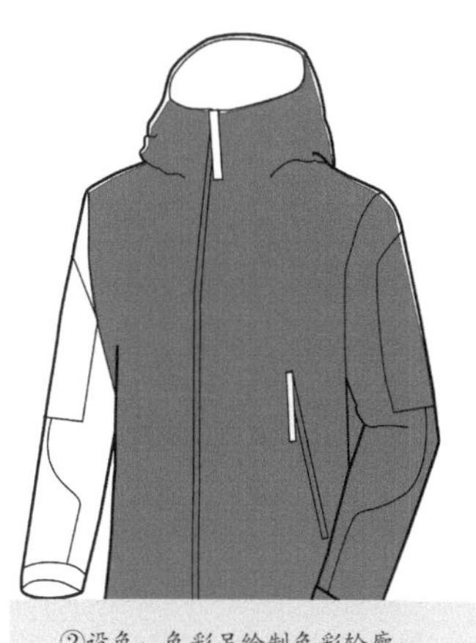

②设色：色彩另绘制色彩轮廓，可适当留白，表现高光；一块块绘制，注意完成后去掉色彩轮廓线

③色组：多色组，注意上下顺序，互相遮挡的关系，最后把线条层设

④明暗：在背光投影处适当加入一些色块，表现服装的

图 3-2-4　Ps 冲锋衣上色步骤

螺纹是服装中常用的部件，为了方便绘制，可以使用 Ai 中的钢笔工具。使用钢笔绘制出螺纹形状走势，再调整钢笔的描边大小，粗细代表螺纹的宽度，选择虚线（打钩）就可以选择线段的粗细和间隔。注意虚线对话框一般被隐藏，需要在描边面板右上角点开即可，如图 3-2-12 所示。

（五）其他表现方式

以某一元素为主，其他元素辅助的表现方式，在绘制时可以根据款式、面料的特点，选择适合的方式。Ai 绘制衣褶使用钢笔工具，设置好画笔粗细，绘制时点击 Ctrl+ 左键，可以结束一段后开始下一段，能提高绘制速度。如果用画笔 + 数位板则需要调整画笔压力，使画出的线条有轻重和节奏感，如图 3-2-13、图 3-2-14 所示。

（六）综合绘制

软件之间结合使用是数码服装设计绘制最常用的表现，能够综合各个软件的优点，得到更加完美的表现效果，以女上装为例进行说明。

(1) 第一步，找出人体模型（准备好的人体模型库，每次画好注意保存），放入到

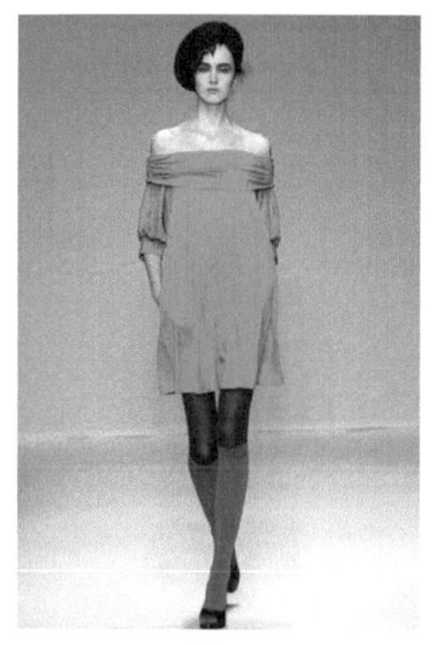

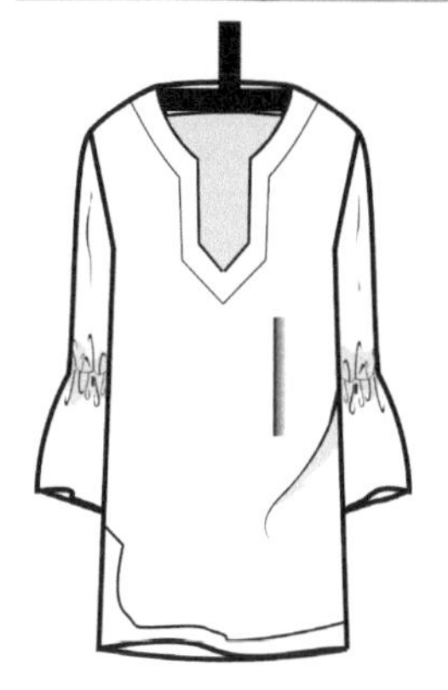

图 3-2-5　根据照片绘制 Ai 款式图

图 3-2-6 Ai 渐变表现衣纹明暗深浅

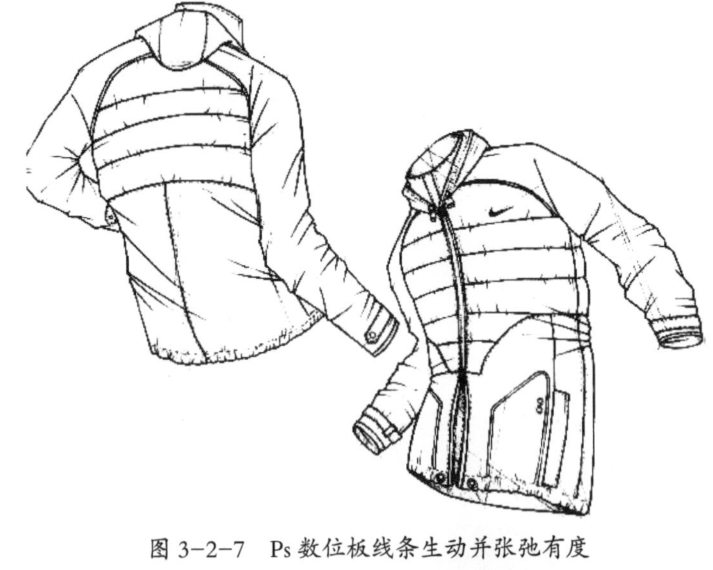

图 3-2-7 Ps 数位板线条生动并张弛有度

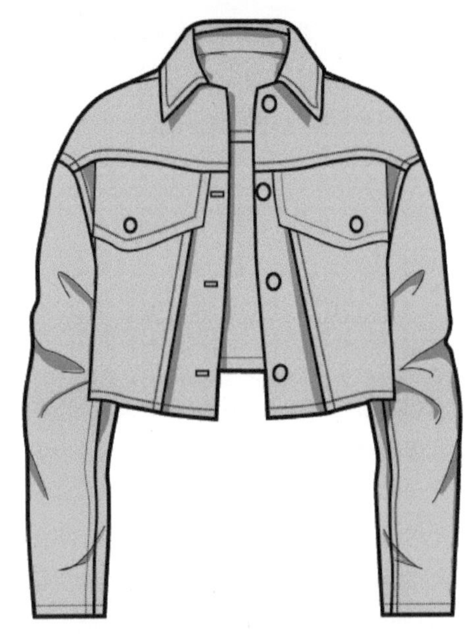

图 3-2-8 衣纹与小影调结合

图 3-2-9 以线条为主的线面结合款式图（Ai）

图 3-2-10 色块表现和投影效果（Ai）

图 3-2-11　用明暗调子表现的款式图（Ps）

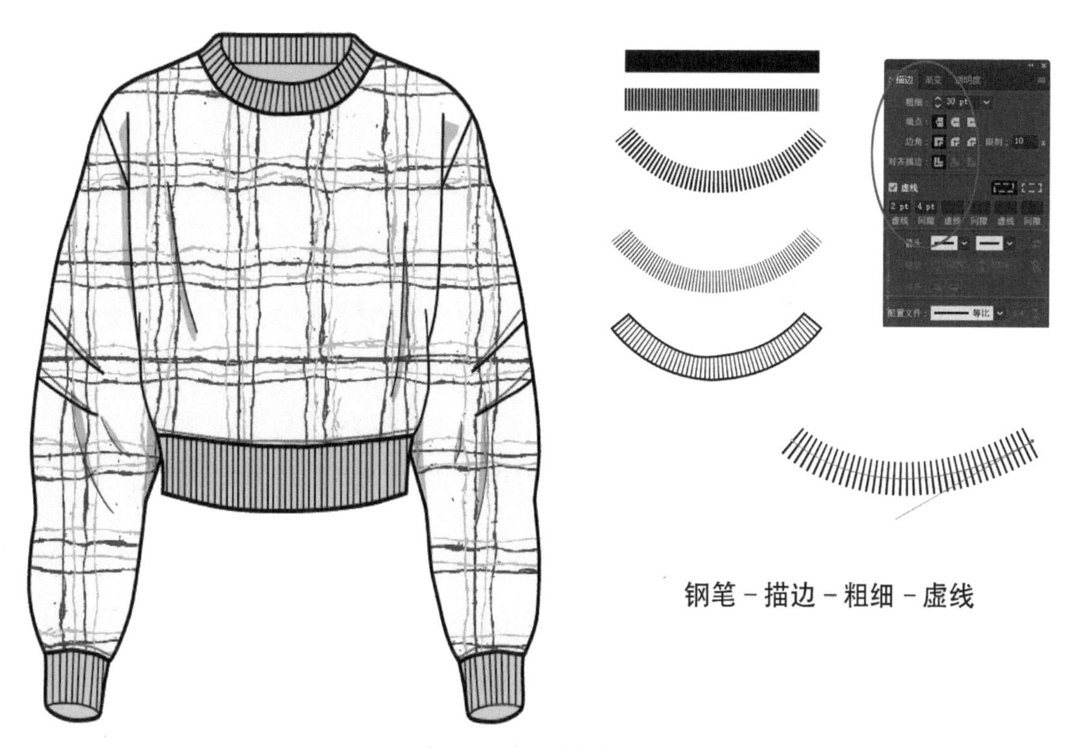

图 3-2-12　螺纹绘制

Ai软件的A4纸当中，调整好与纸张相匹配的大小和位置，并锁住人台图层。

(2) 第二步，新建图层，在图层上以下层人台为参考，设计并绘制服装草图，如图 3-2-15 所示。

绘制草图可使用画笔工具，有时画笔工具是无法在图层中绘制的，需要在窗口栏中选择画笔，并在画笔窗口中选择需要的画笔类型，就可以绘制了，如图 3-2-16 所示。

(3) 第三步，绘制服装外轮廓。Ai绘制一定要绘制一个外轮廓，这个外轮廓用于以后填色和勾画轮廓线，非常重要。有了外轮廓就可以尝试多种配色的设计，只需要多复制几个就可以换色和面料，非常方便，如图 3-2-17 所示。

(4) 第四步，绘制服装细节。Ai绘图中每进行一个新的步骤，应该再建一个图层，暂时不用的图层可以点击锁头图标把图层锁上，这样就不会影响其他图层的绘制。不需要的（例如草稿）图层，可以关闭眼睛图标，这样就暂时看不见了。

绘制细节一般使用钢笔工具，也可以使用数位板结合画笔绘制，绘制时注意用有弧度的线表现布料的软硬程度，不宜统统用直线条，那样就会显得太呆板，如图 3-2-18 所示。

(5) 第五步，服装色彩绘制。复制服装外轮廓到新建图层，点击面进行色彩填充，选择合适的颜色，注意外轮廓填色图层的位置，应该放在线条的下层。开关细节，观察细节和色彩配合的效果，不断调整颜色，直到满意为止。也可以使用渐变色，使用渐变色

图 3-2-13 衣褶画法

图 3-2-14 裙装款式图表现

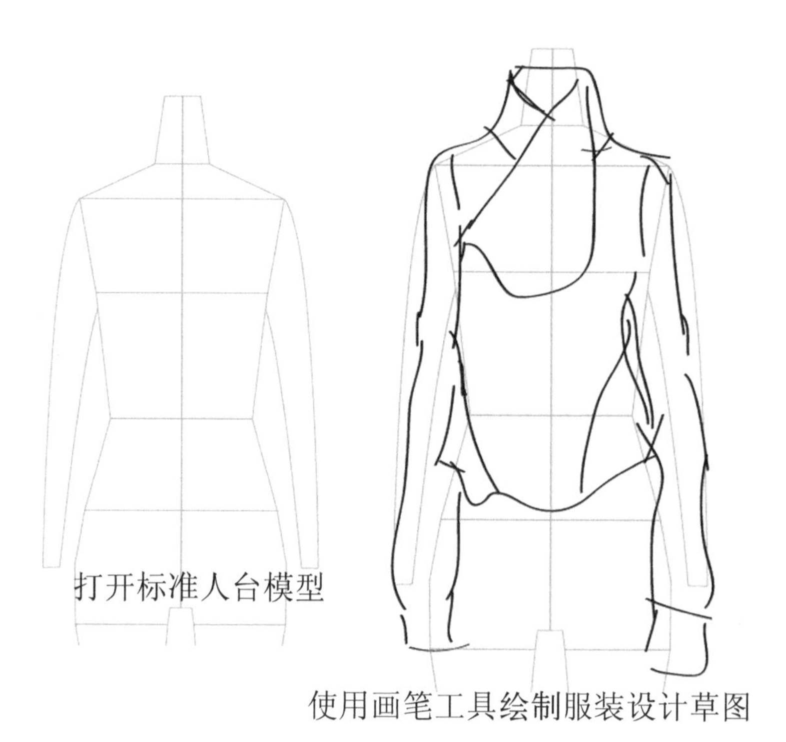

图 3-2-15　参照服装人台绘制的服装造型

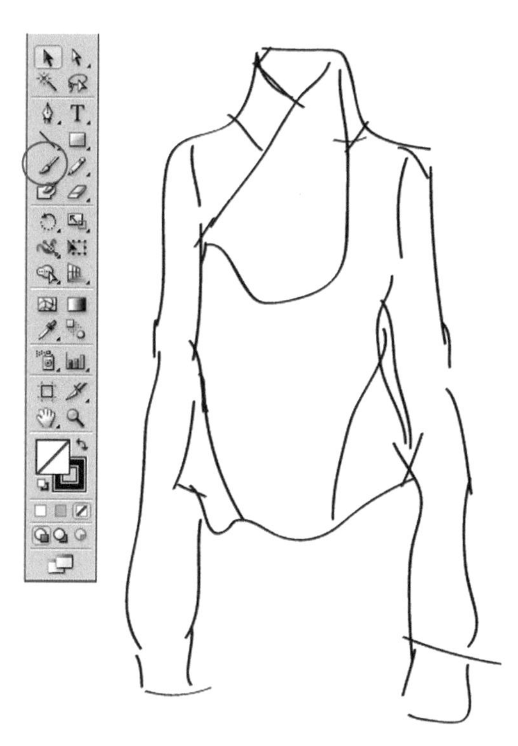

图 3-2-16　画笔绘制的服装草图

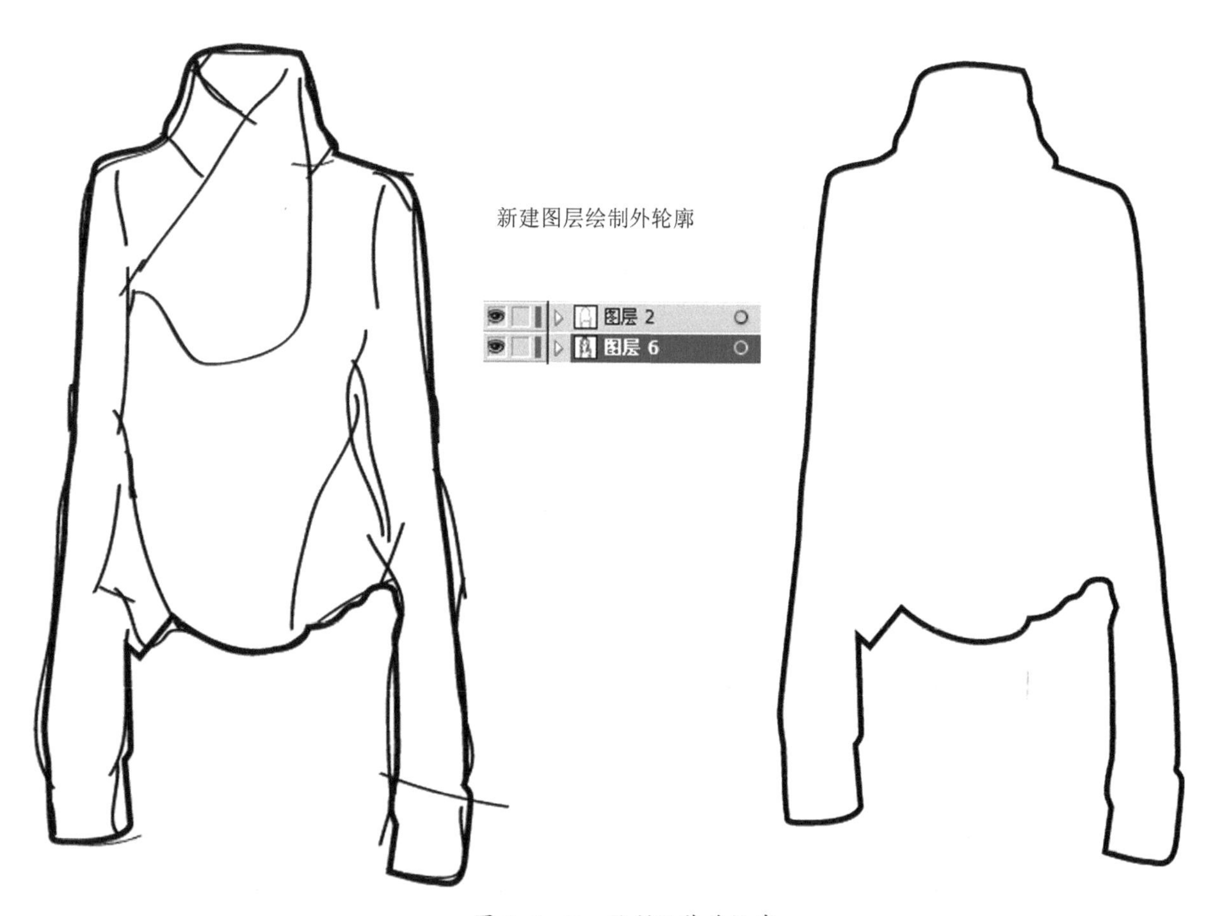

图 3-2-17　绘制服装外轮廓

时注意渐变色的色彩模式，如果是灰度模式就无法选择色彩，可以调整成RGB模式，如图3-2-19～图3-2-21所示。

(6) 第六步，转入Ps软件。在Ps中新建一个美国标准纸，在Ai中把需要的图层解锁，框选复制（拖拽），粘贴到Ps中即可。色彩形式也可以直接复制到Ps中，如图3-2-22、图3-2-23所示。

(7) 第七步，在Ps中继续处理。使用Ps画笔工具，调整画笔的不透明度和流量，在线条图层使用魔棒选择区域，在区域中绘制影调，如图3-2-24～图3-2-26所示。

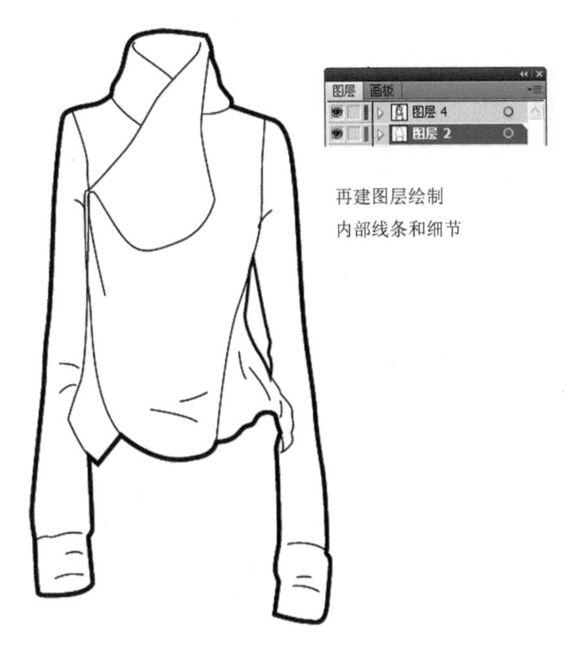

图 3-2-18 线条和细节图层

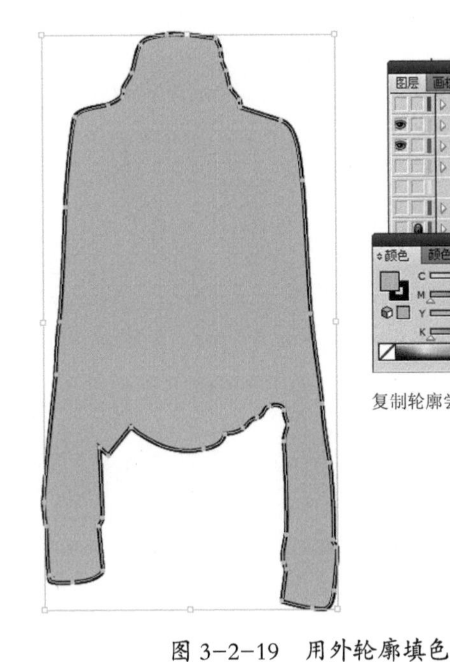

图 3-2-19 用外轮廓填色

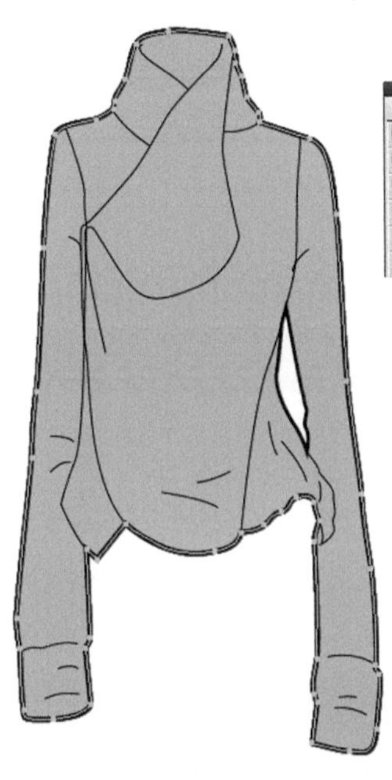

打开线条层眼睛
观察颜色效果

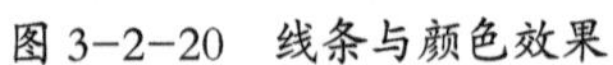

图 3-2-20 线条与颜色效果

打开锁住的图层
选择轮廓线与细节线
复制（拖拽）
进入到Ps界面中

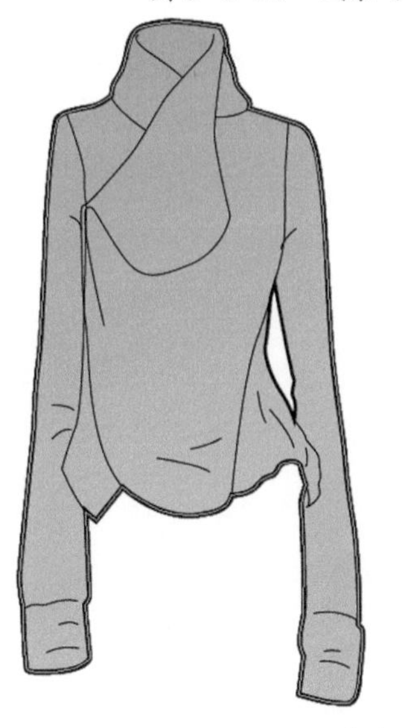

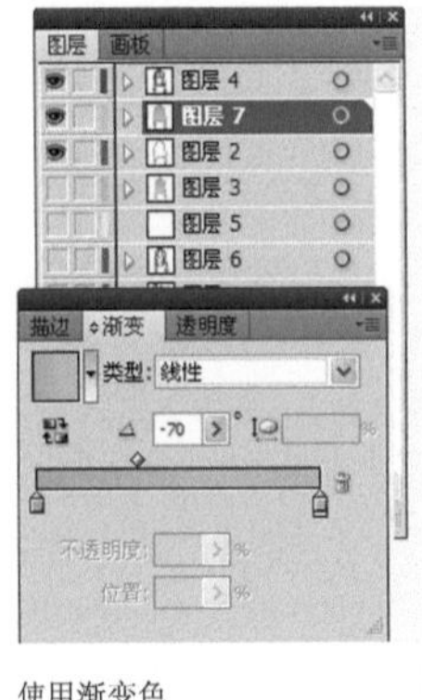

使用渐变色

图 3-2-21 使用渐变色操作示意图

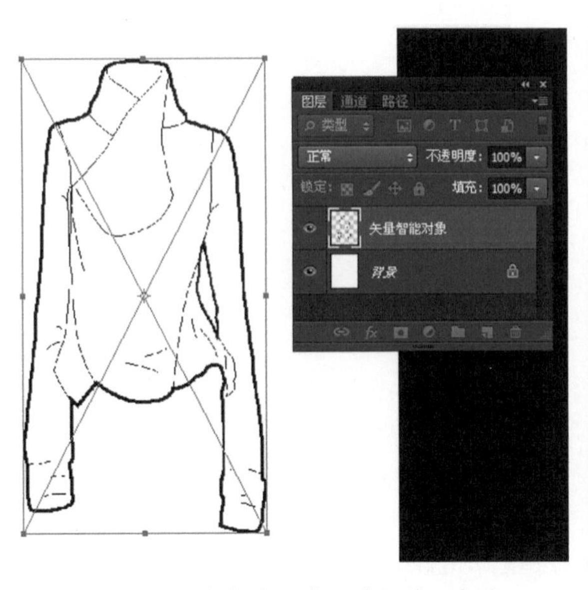

图 3-2-22 线条导入到 Ps 中操作示意图

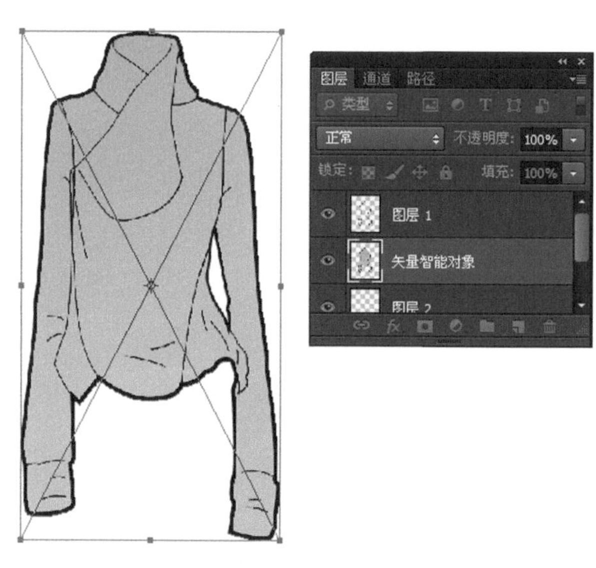

图 3-2-23 色彩导入到 Ps 中

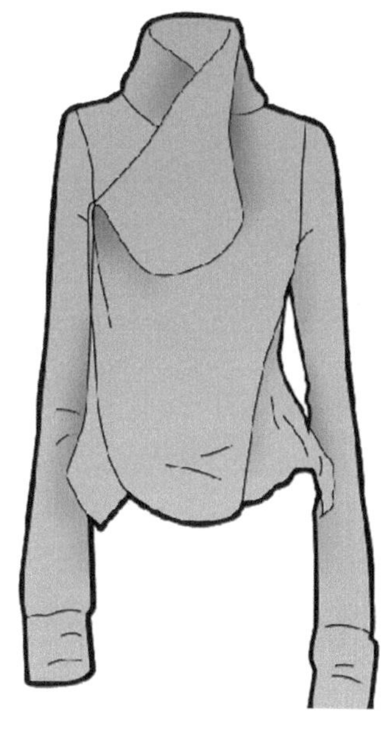

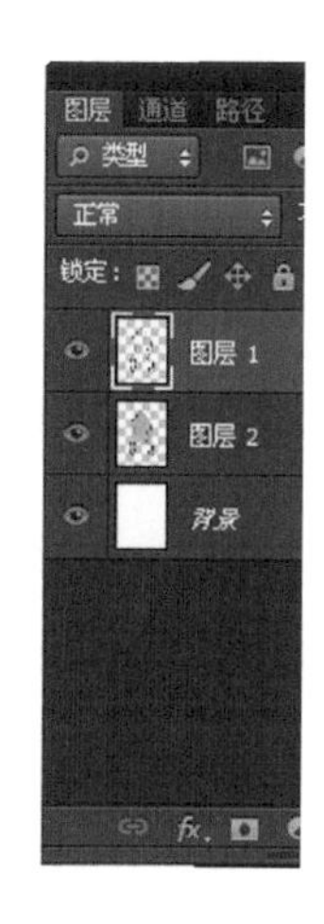

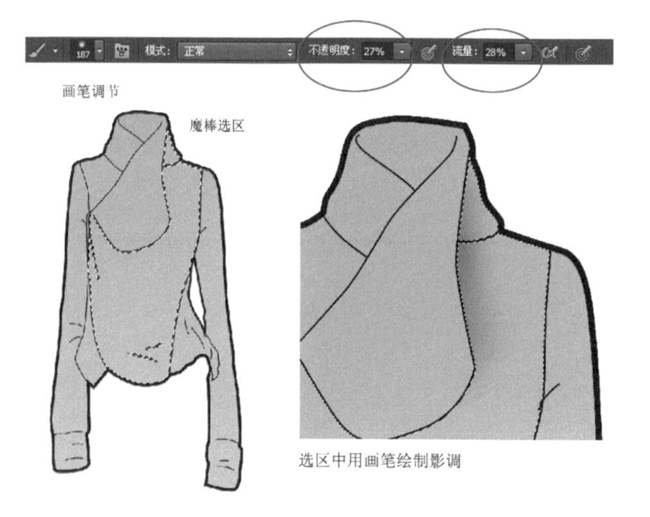

图 3-2-24 Ps 画笔绘制影调操作示意图

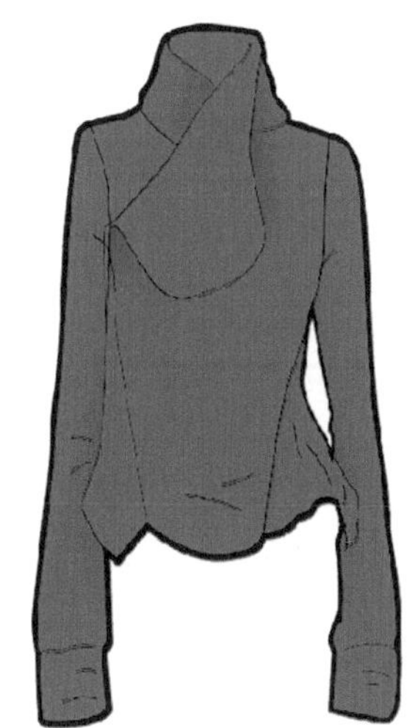

图 3-2-25 不同颜色的影调尝试操作示意图

3-2-26 线稿与影调结合的款式图（Ai+Ps）

第三节 款式面料绘制

服装面料形式多样，是构成服装的三大要素之一，面料风格各异，有具体的形象，如花卉和动物；也有点线面构成的抽象图形，如体现英伦风的苏格兰格子，如图 3-3-1 所示。

图 3-3-1 体现英伦学院风格的条格面料

一、 面料绘制

面料的形式分为纹理、肌理、图形和质感，绘制面料要根据表现形式选择相应的数码软件以及相应的工具，如图 3-3-2 ~图 3-3-4 所示。

图 3-3-2　模仿天然动物毛皮肌理的面料（Ai）

图 3-3-3　图形变化为主的服饰配件（Ai）

图 3-3-4　通过光影表现面料的质感（Ai）

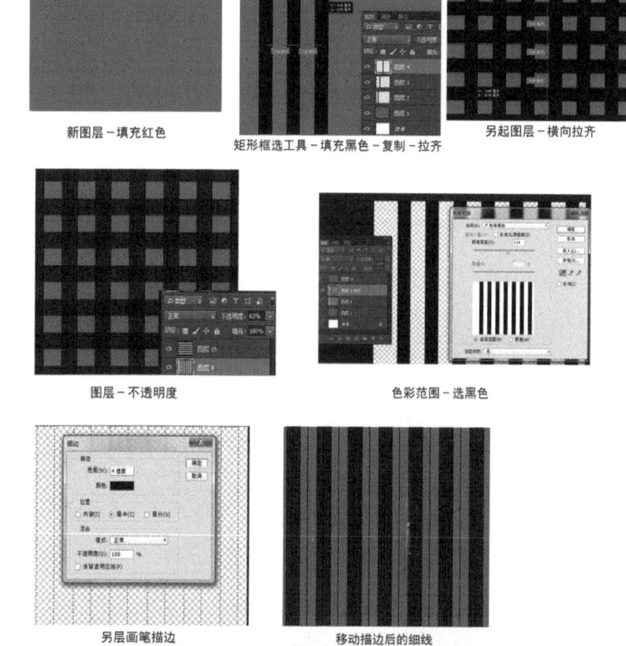

图 3-3-5　苏格兰纹路服装面料表现操作示意图（Ps）

模仿呢料－喷溅效果

模仿粗花呢面料－颗粒效果

图像－调整换色

图 3-3-6 通过滤镜再次表现并通过图像换色（Ps）

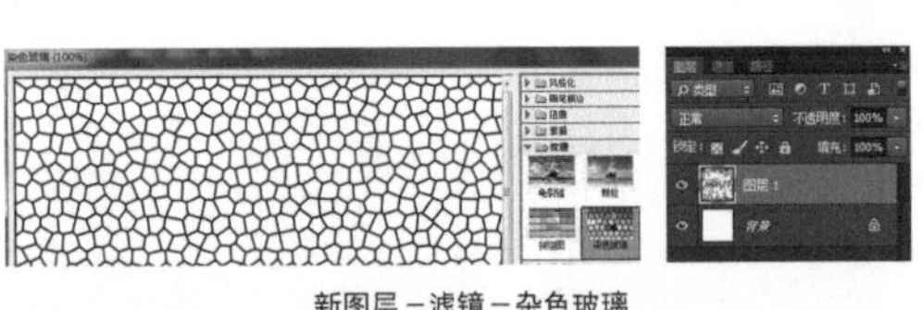

新图层－滤镜－杂色玻璃

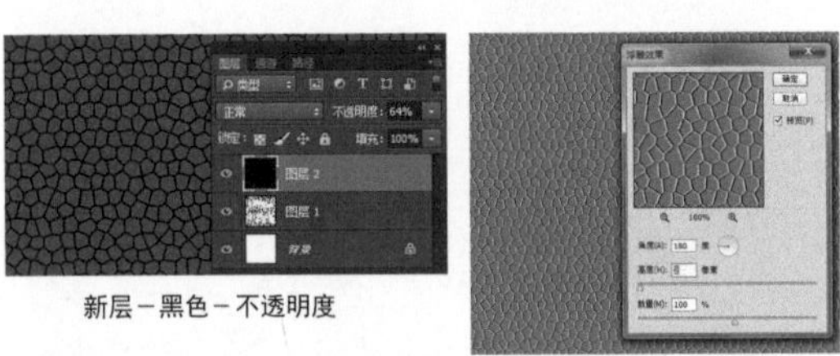

新层－黑色－不透明度

合并图层（除背景）－滤镜－浮雕效果

新层－填色－透明度

合并图层－图像栏－调整色彩

图 3-3-7 皮革面料的表现操作示意图（Ps）

灰绿色

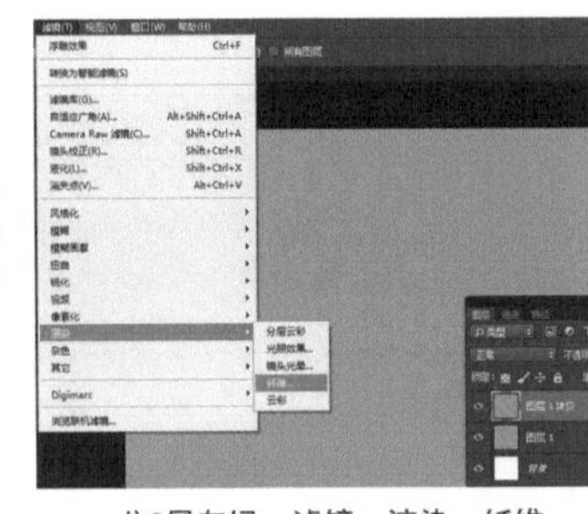

分2层灰绿－滤镜－渲染－纤维

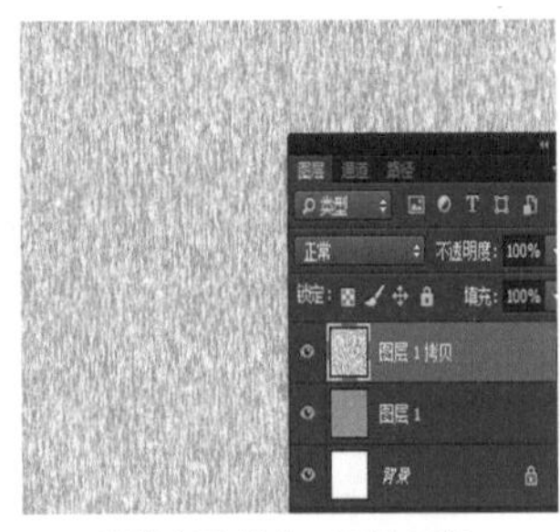

滤镜以后其中－层转90度

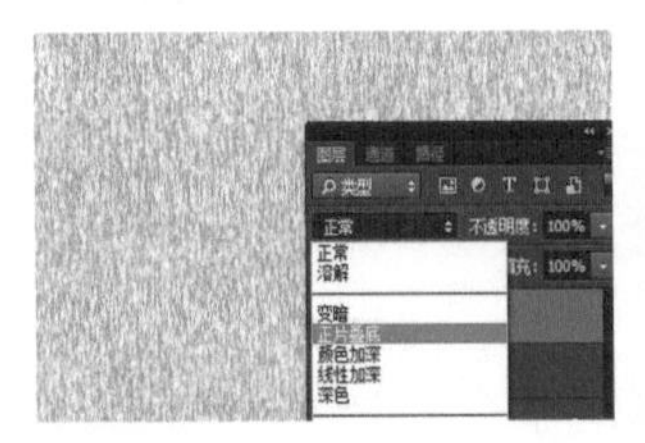

图层栏－模式改成－正片叠底

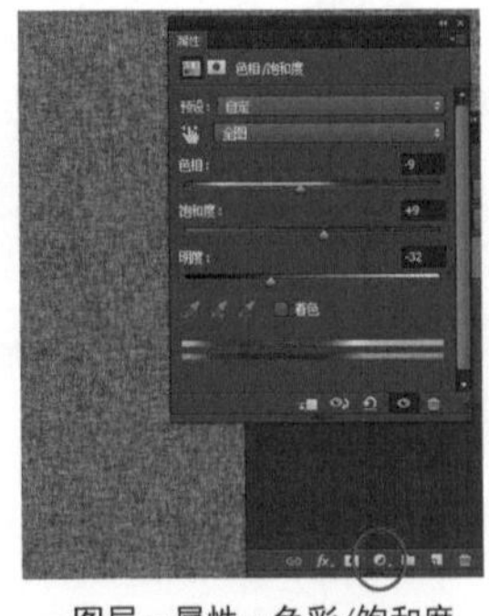

图层－属性－色彩/饱和度

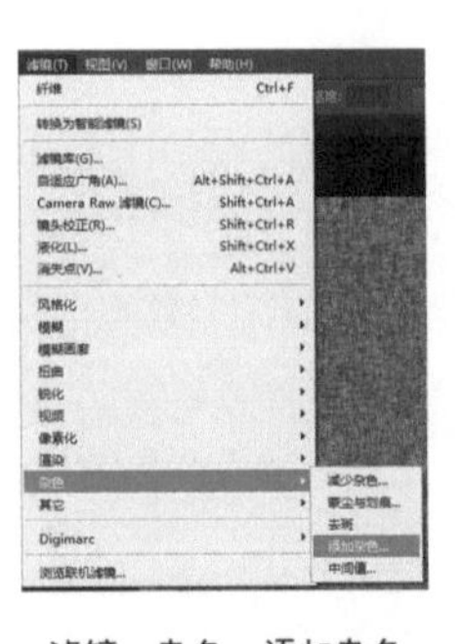

滤镜－杂色－添加杂色

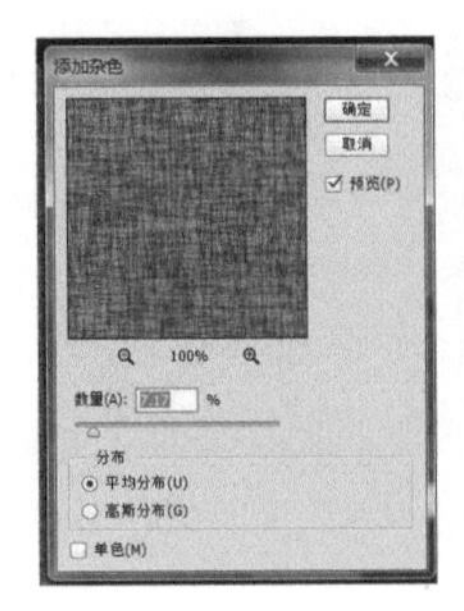

图 3-3-8 麻类面料操作示意图（Ps）

Ps 的滤镜工具内容丰富，能够很好地表现不同材质效果，是常用的绘制服装面料的手段，如图 3-3-5 ~ 图 3-3-9 所示。

二、 面料贴入

面料制作好以后通过贴入和剪切蒙板贴入到服装上，也可以直接找到面料的照片，经过处理贴入到服装。

（一）Ps 面料贴入——碎花女裙绘制

(1) 第一步，使用钢笔工具绘制服装轮廓。

(2) 第二步，通过绘制、实物面料拍摄、网络素材等方式准备需要的面料，注意面料的像素与绘制服装的像素适合，如果面料素材面积太小，需要把小面料复制拼合成一块适合服装大小的大面料，拼合时注意边缘要自然。

(3) 第三步，拷贝制作好大面料。

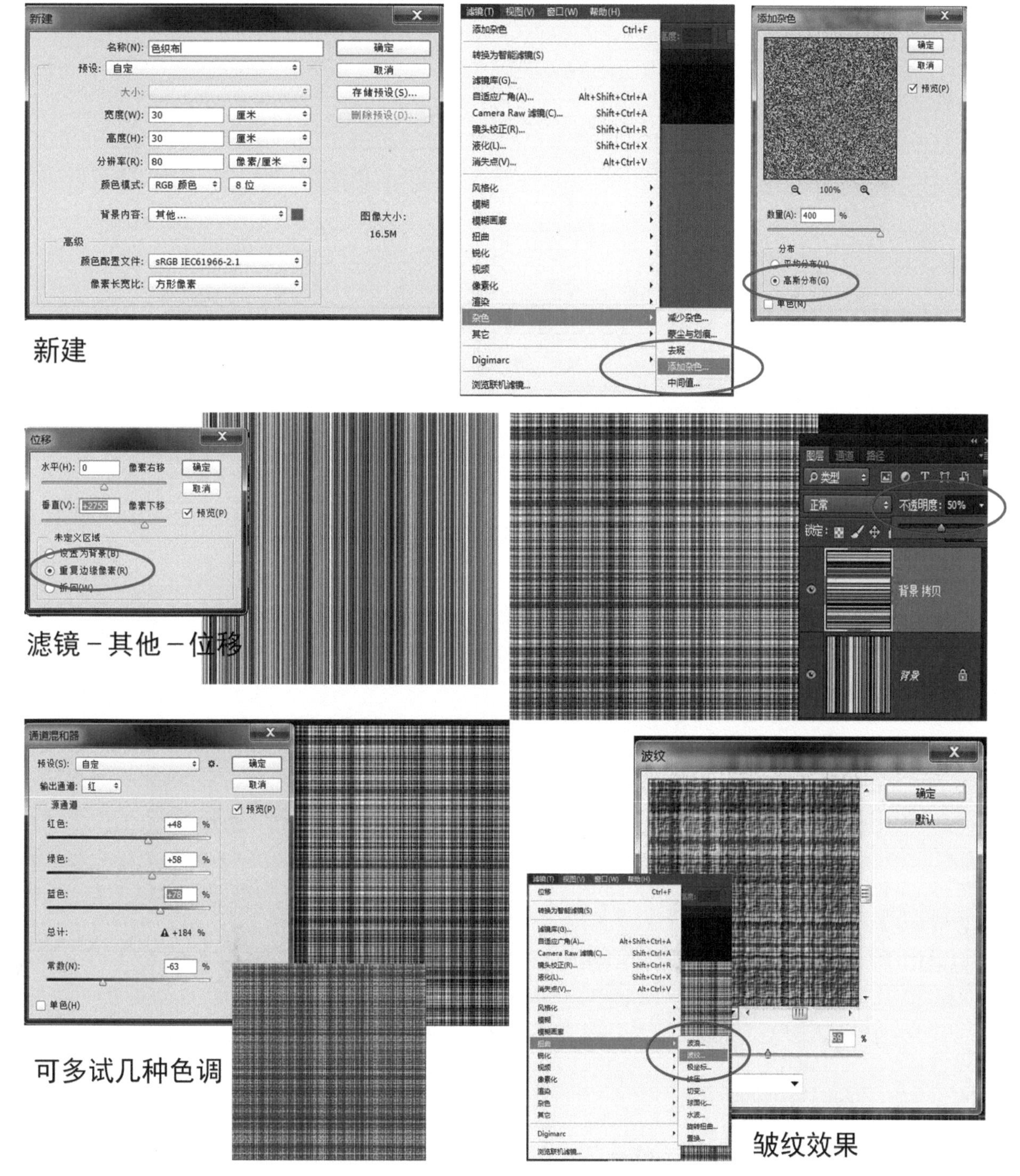

图 3-3-9　色织布面料操作示意图（Ps）

(4) 第四步，使用魔棒等选择工具，选择所要贴入的部位。

(5) 第五步，使用编辑—选择性粘贴 - 贴入，把面料贴入到所选区域。

(6) 第六步，使用移动工具移动贴图，调整位置。

(7) 第七步，合并图层，完成贴图。

操作过程如图 3-3-10 所示。

(二) Ps 面料贴入与绘制——牛仔裤绘制

(1) 第一步，钢笔工具绘制牛仔裤，线条与轮廓分图层。

(2) 第二步，拍摄一块牛仔裤面料局部，把小块面料通过复制粘贴变成与轮廓大小合适的大块面料；水磨牛仔面料深浅不一，先拼合在一起，不用着急调整面料深浅。

(3) 第三步，选择牛仔裤轮廓，贴入复制好的大块面料。

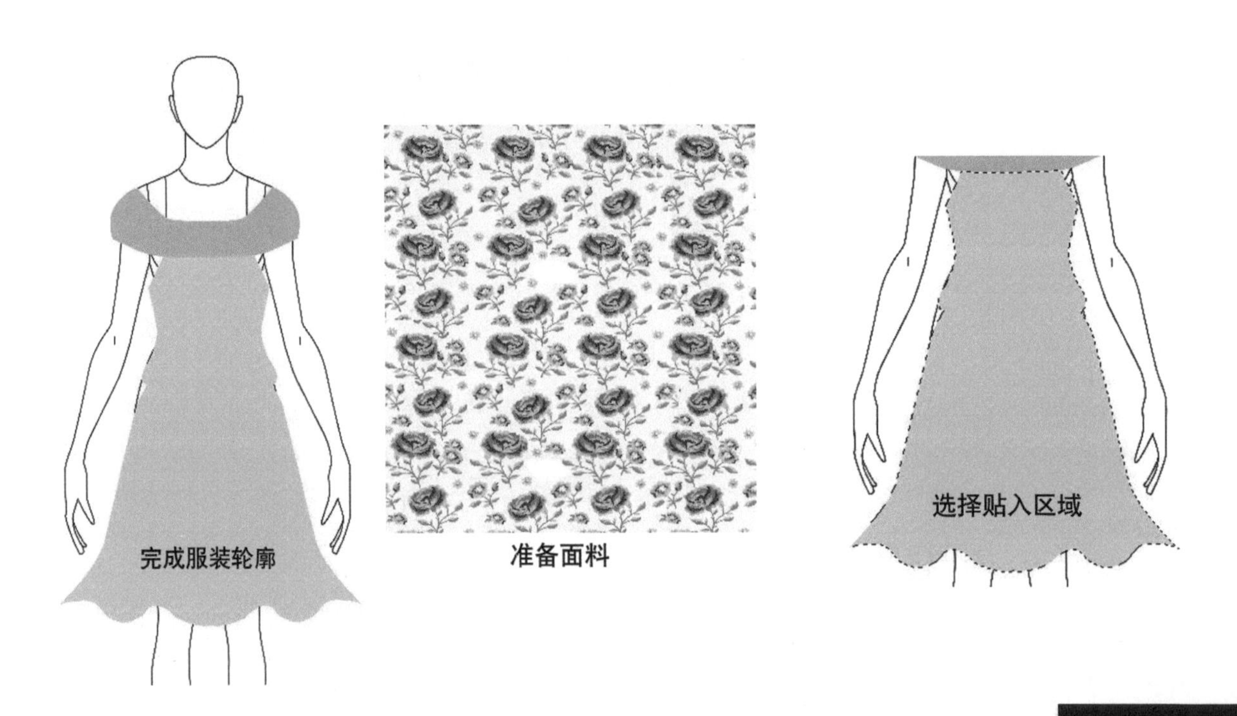

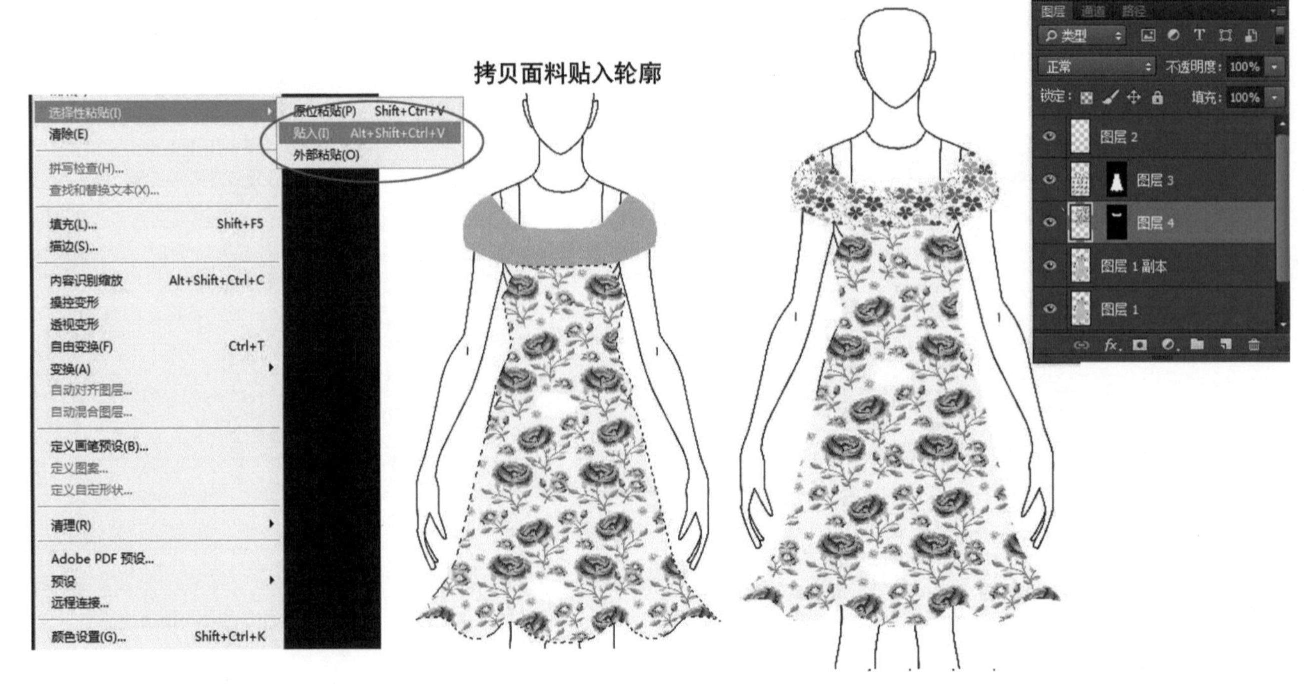

图 3-3-10 面料贴入服装相应的部位操作示意图（Ps）

(4) 第四步，贴入好以后，再使用加深和减淡工具，根据牛仔裤腿部的位置，绘制与调整深浅。

(5) 第五步，打开线条层眼睛，边观察边调整。

(6) 第六步、在贴图层和线条层之间，新建图层，绘制影调和衣纹。

(7) 第七步，最后拼合所有图层。

操作过程如图 3-3-11 所示。

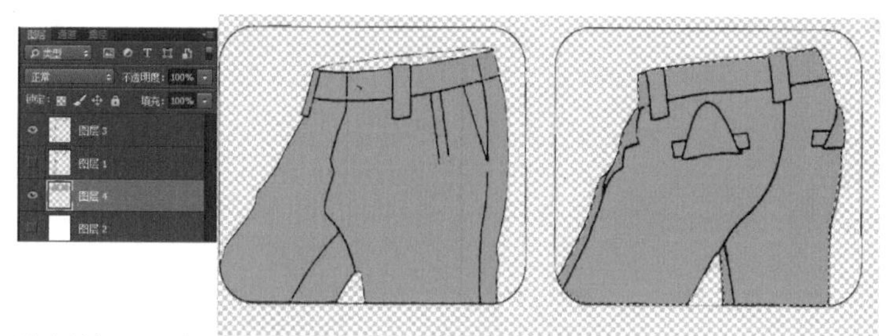

绘制裤子－勾线－填色（色块单独一层）

图片（可自行拍照获得）

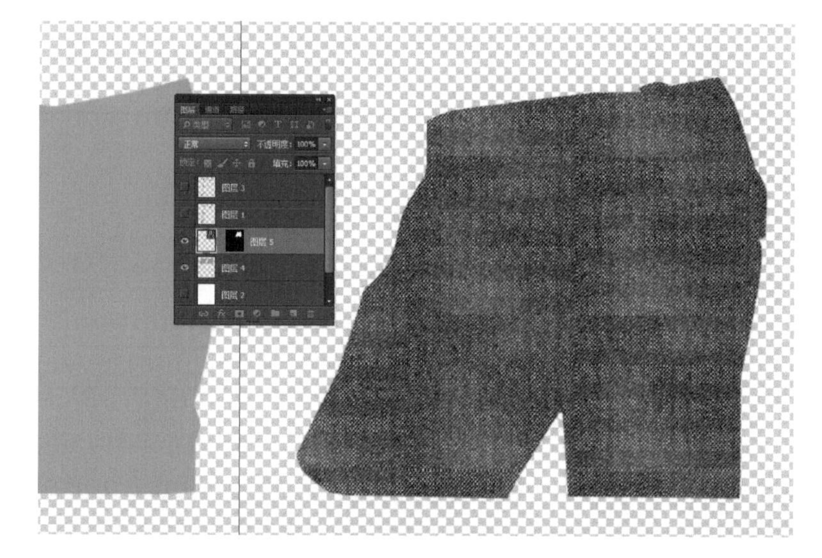

选择绿色色块－复制面料－编辑贴入

牛仔面料图片－复制粘贴－变大块面料

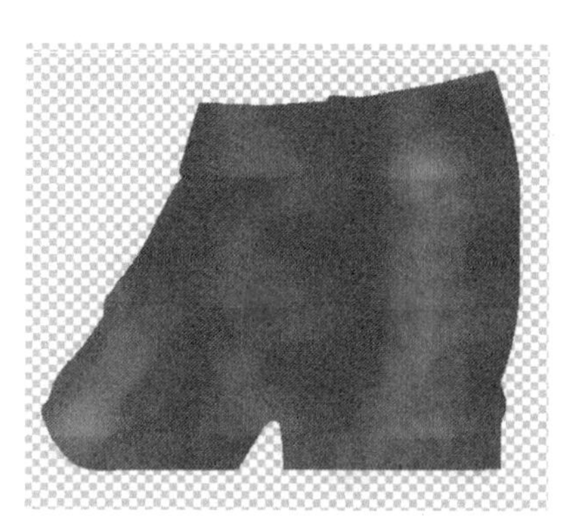

画笔（吸管）－调整中间接缝

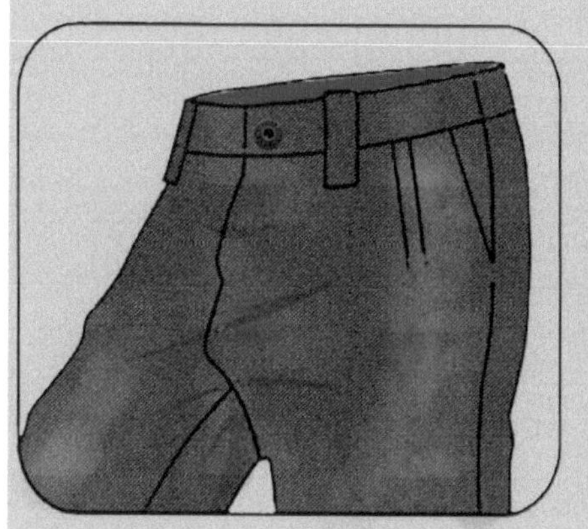

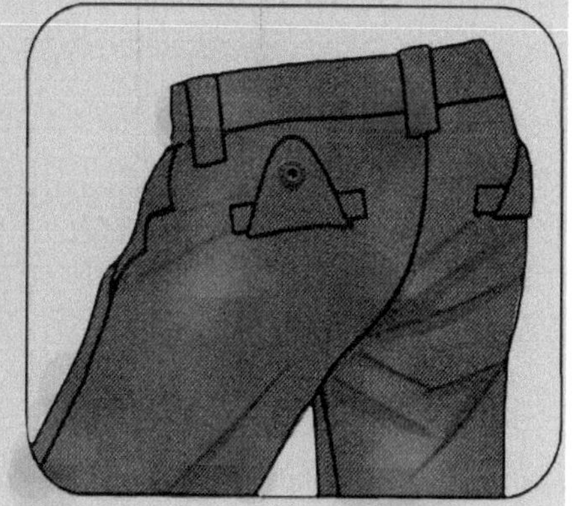

打开勾线层－加入衣纹－贴铜扣图

图 3-3-11　牛仔布素材图片贴入服装操作示意图（Ps）

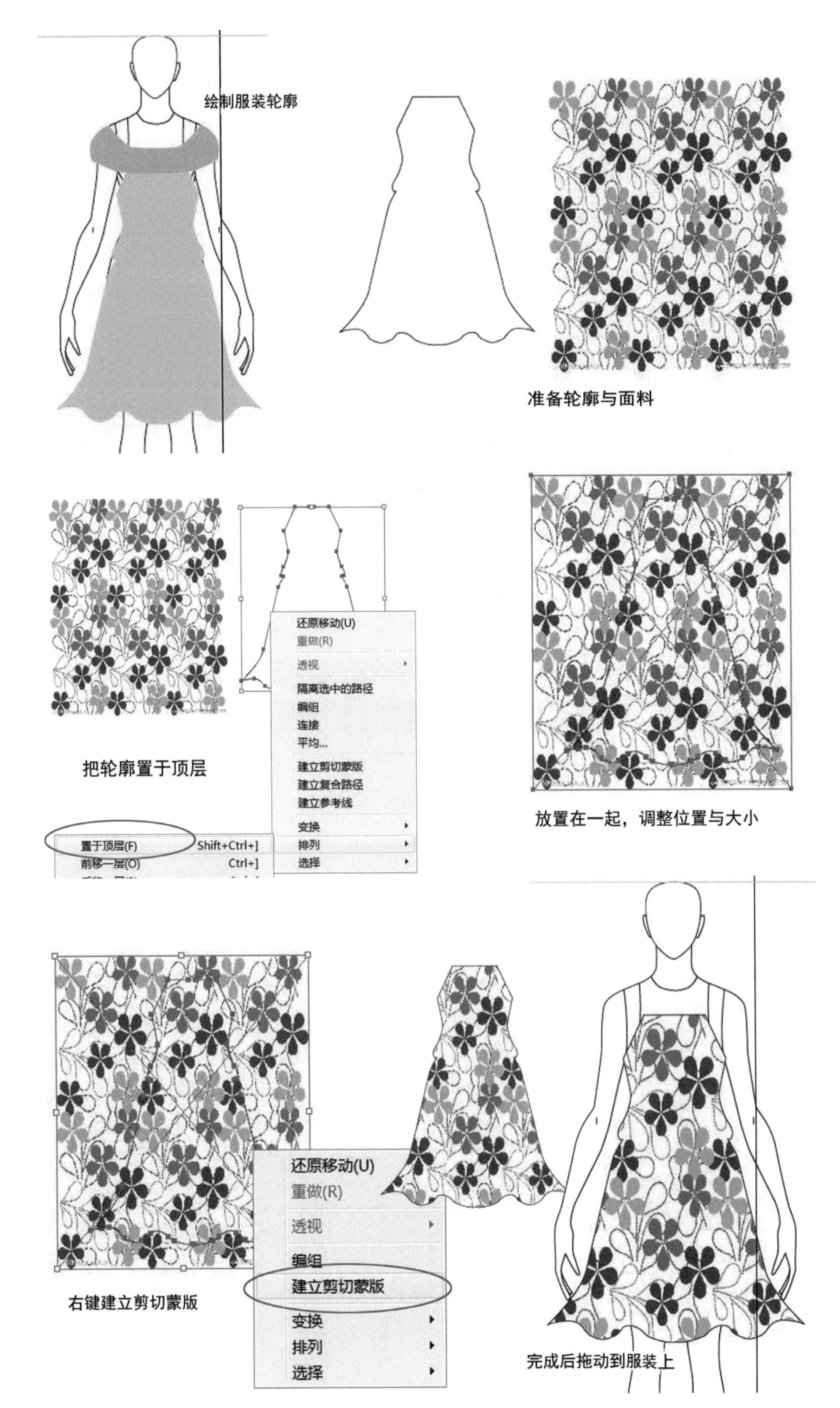

图 3-3-12 花布面料贴入服装操作示意图（Ai）

（三）Ai 面料贴入

(1) 第一步，使用钢笔绘制服装轮廓。

(2) 第二步，准备与服装轮廓大小适应的面料。

(3) 第三步，新建图层，贴入面料，再贴入服装轮廓。

(4) 第四步，保证面料与轮廓在同一图层，可以在轮廓上按右键，排列－置于顶层。

(5) 第五步，移动轮廓到面料合适位置，同时选择轮廓和面料，按右键－建立剪切蒙版。

(6) 第六步，完成后再把该层的面料移动到服装相应的位置上。

操作过程如图 3-3-12 所示。

面料贴入服装的形式多样，包括局部贴入、图形与肌理结合和综合面料表现等方式，如图 3-3-13 ~图 3-3-15 所示。

图 3-3-13　网格面料贴入服装局部（Ai）

图 3-3-14 图形与肌理结合的 T 恤衫

图 3-3-15　综合面料与材质表现的款式图

第四节 款式图设计

绘制是为设计服务的，不能为绘制而绘制，设计是使用软件绘图的最终目标，要根据设计的要求，采取适合的方法进行相应的款式图绘制。

一、款式图设计方法

（一）在人体上设计

服装的款式变化与人体有关，宽松或紧身、A 型或 H 型、长款或短款，设计很多时候就是在调整这些细微之处，特别是面向市场的服装设计，很少有特别夸张的形式，因而，以人体为依据，基于标准的人体模型进行设计，可以方便地掌控服装长短与肥瘦，设计并绘制出实用的服装款式。例如设计一件低腰裤，如果没有人体作为依据，直接去画裤子，很难把控腰线的高低，在人体上根据人体设计腰线，就可以比较准确地设计出想要的低腰裤，包括裤腿上提的七分裤也可以采用这种方式设计并绘制，如图 3-4-1 所示。

（二）参考实际人体去设计

虽然款式图不需要画人，但是绘制出的款式需要符合人体，不能因为没有人就可以随意去画，这样画出的款式会失去其准确性，进而失去款式图的实际作用。

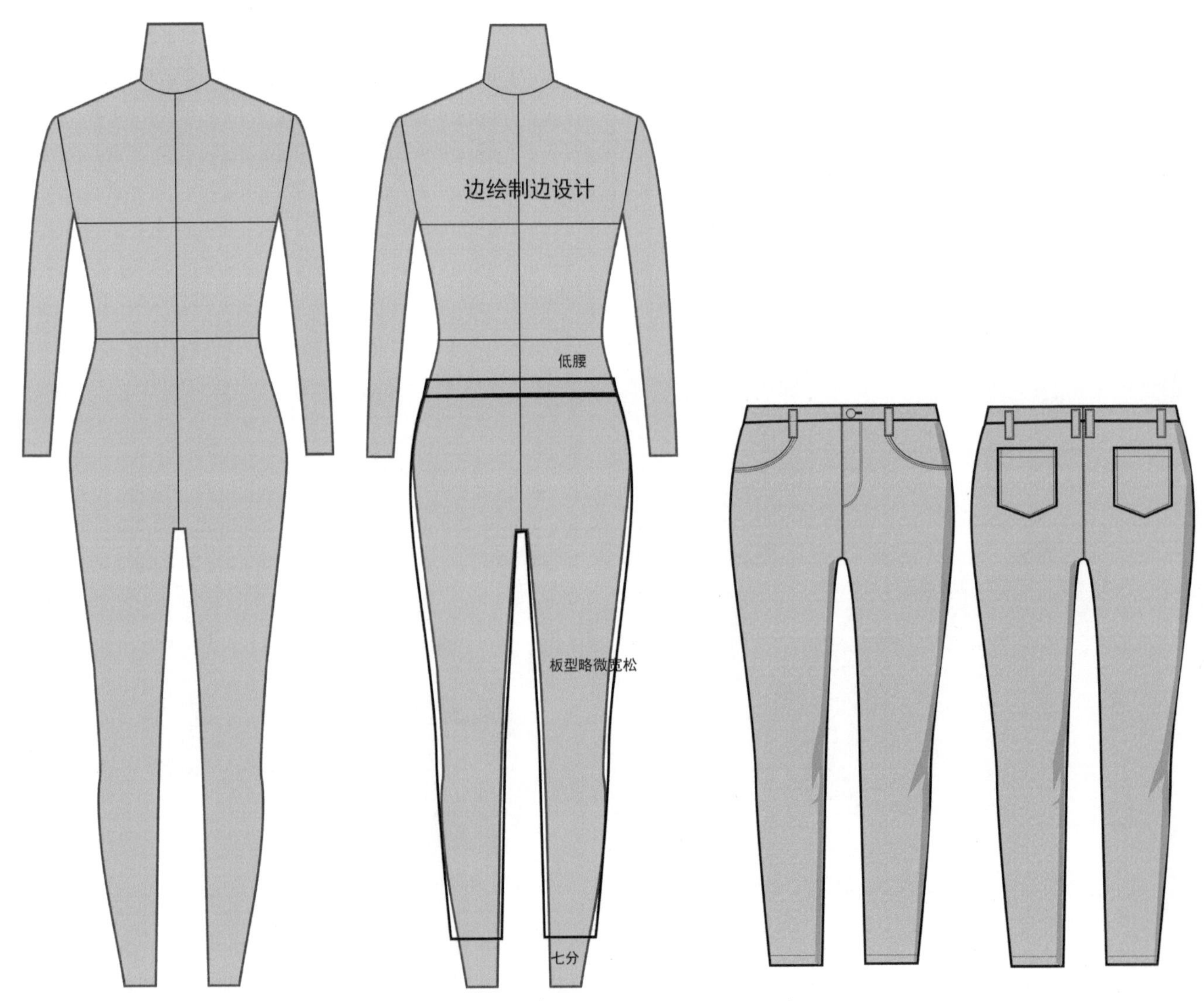

图 3-4-1 在人体模型上边绘制边设计

给不同的人设计服装要参考该人群的体型特征。婴儿身材矮胖，服装没有腰身，显得短胖；幼儿能够行走，活动范围增加，体型慢慢接近儿童。服装就需要根据不同阶段的体型特征进行设计绘制，如图 3-4-2 所示。

图 3-4-2　以人体为依据的童装设计

图 3-4-3 多角度体现人体形态和板型的款式图

（三）服装的空间形态

一味地使用前后展示的形式设计服装，容易忽略服装的立体形态，可以采取半侧面或多角度进行设计，从空间角度设计和表现服装的板型，如图 3-4-3 所示。

（四）比较设计

手绘设计服装相对来讲费时费力，而数码软件有方便复制的特点，为比较设计提供了条件。

可以复制几个服装，对服装的部位、颜色、板型等进行调整，同时对比几件服装，看看哪种设计最符合目标要求。服装是视觉的艺术，在比较中能够快速选择判断出结果，比较是设计的利器，如图 3-4-4 所示。

（五）拓展设计

根据一个款式拓展出相类似的服装款式，在保证某个元素统一的情况下，调整一两个元素，有微调也有较大幅度的调整，是设计的常用手段。根据参考款式设计出新的款式，常用于系列服装设计中，如图 3-4-5、图 3-4-6 所示。

（六）构成设计

服装款式图设计，包含了三大构成的内容，平面、色彩和立体构成，一些服装款式就是设计元素的构成。采用构成设计的方法，能够更好地解决服装设计的问题，如图 3-4-7、图 3-4-8 所示。

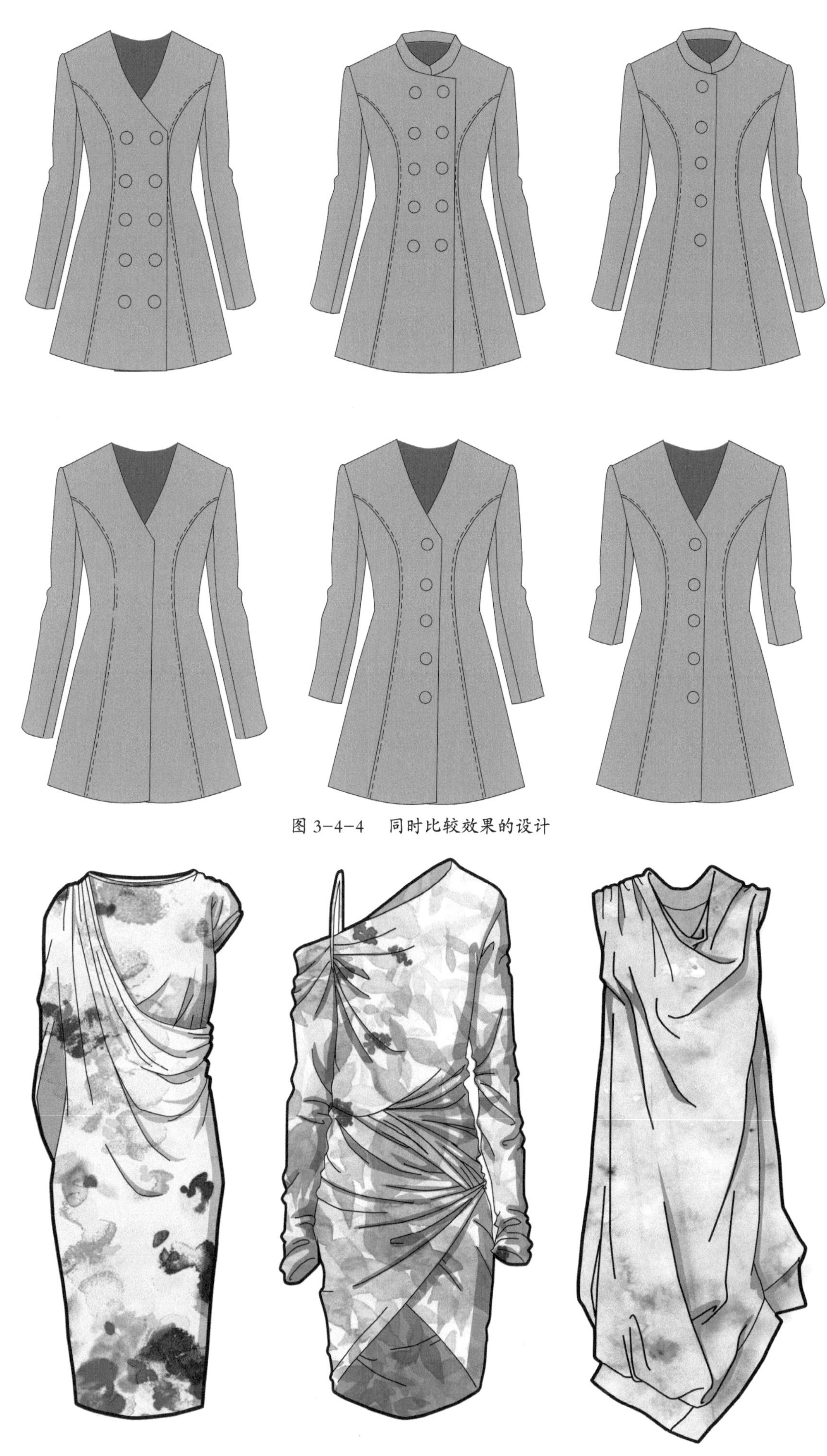

图 3-4-4　同时比较效果的设计

图 3-4-5　拓展设计 1

图 3-4-6 拓展设计 2

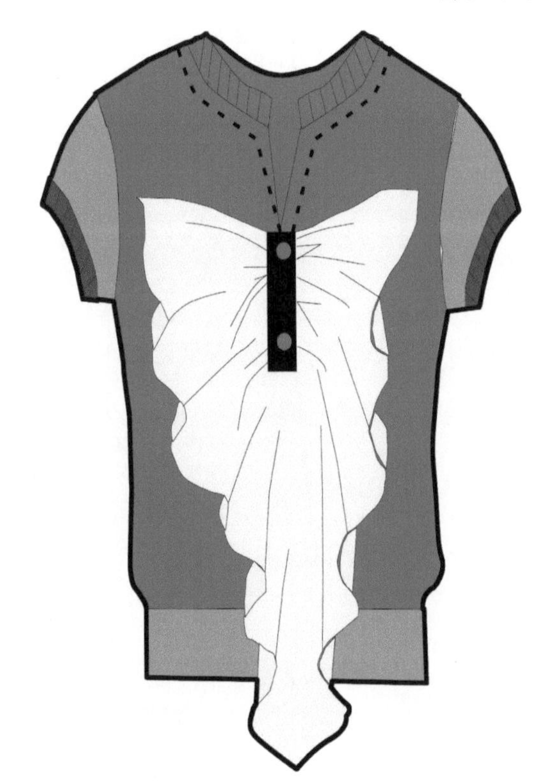

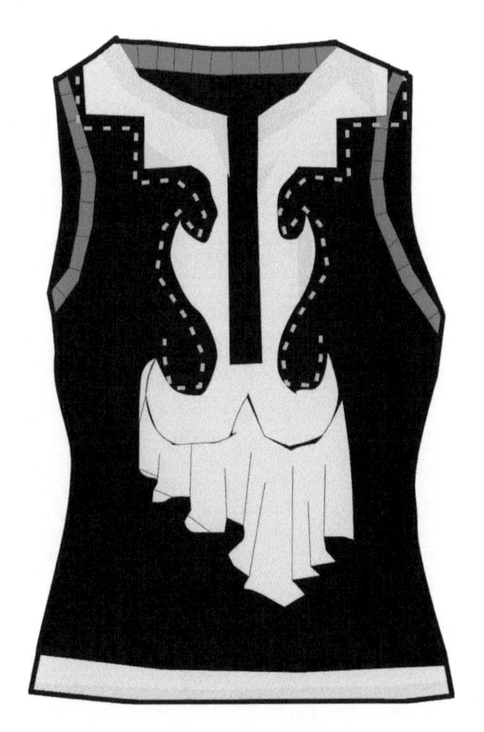

图 3-4-7 装饰元素构成设计

（七）图形设计

图形不能生硬地安装到服装上，图形需要结合服装，在位置、大小上合理安排，从而设计出浑然一体的服装款式，如图 3-4-9、图 3-4-10 所示。

（八）搭配设计

服装在一定意义上是装扮，配合服装的配件也是整体设计的重要内容，如图 3-4-11 ~图 3-4-13 所示。

（九）形象设计

形象设计是指考虑用户特征，使用服装服饰进行组合，设计出具有一定效果的形象，如图 3-4-14 ~图 3-4-16 所示。

（十）风格设计

设计师表达自己独特的设计思维，设计出与众不同的具有一定风格调性的服装，是设计的高级阶段，如图 3-4-17、图 3-4-18 所示。

图 3-4-8　基于服装部位的图形构成设计

图 3-4-9　图形在服装上的应用

图 3-4-10　图形结合服装部位的设计

图 3-4-11 结合配件的组合设计

图 3-4-12 冬装与包

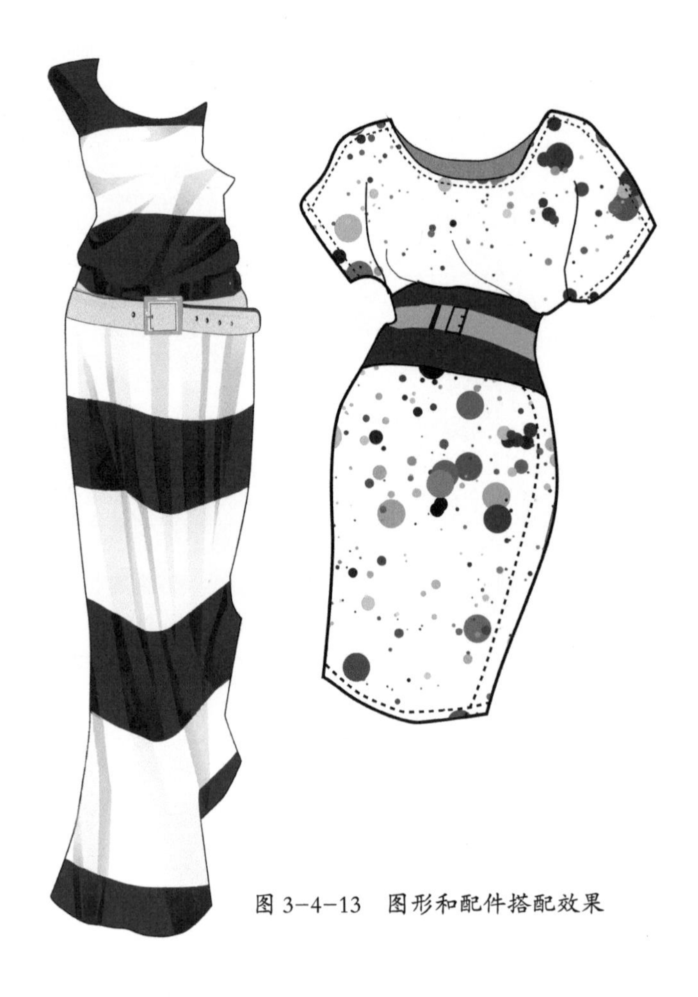

图 3-4-13 图形和配件搭配效果

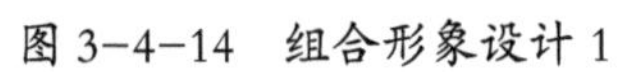

图 3-4-14 组合形象设计 1

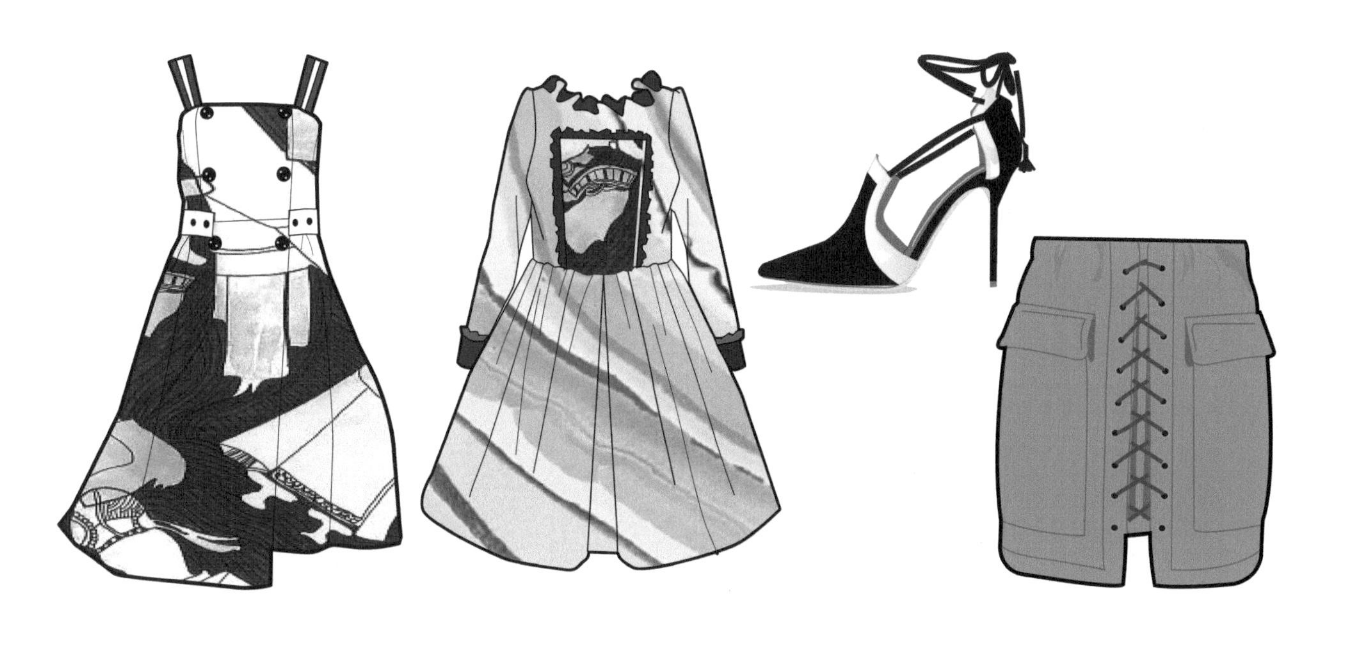

图 3-4-15　组合形象设计 2

图 3-4-16　组合设计 3

图 3-4-17 小清新风格设计

图 3-4-18　混合风格设计

二、服装系列

（一）服装系列特点

服装系列是一种风格服装的延伸设计，一个风格由于确定了各种服装要素，能够保证延伸开发出来的系列成衣在整体协调的情况下，又具有自己独特的外观。

在实际生产销售中，服装企业针对具体的细分市场和企业的销售目标，将产品系列进行分类，以满足消费者多样选择的需要。服装系列产品的设计具有以下特点。

（1）在整体风格上协调统一，设计要素（色彩、造型、材料等）协调统一。

（2）各个服装单元与主题协调一致。

（3）体现品牌的相对固定的风格特征。

（4）形成全方位服装搭配、配饰、服装穿着方式的系列体系。

（二）服装系列划分方法

服装的系列设计在设计中由一件以上的服装形成系列，服装系列有多种划分方法。

（1）同一穿着对象的系列，如少女系列、学生系列等。

（2）不同穿着对象的系列，如母婴服装、情侣装等。

（3）同一类型的系列，如裙子系列、裤子系列、T 恤系列等。

（4）不同类型的系列，如内外衣系列、上下装系列、三件套、四件套；三角裤、胸罩、短裤、短裙、长裤、长裙、上衣、长大衣等七件、八件套系列。

（5）同一季节的系列，如春、夏、秋、冬系列。

（6）同一面料的系列，采用同一种或同类面料，但款式色彩不同形成的系列。

（7）同一风格的系列，服装类型、面料类型、色彩风格上保持一致的设计。

以上各种系列中，有的统一性多一些，有的统一性少一些，但至少应保持某一方面的统一性，

图 3-4-19　同一穿着对象系列

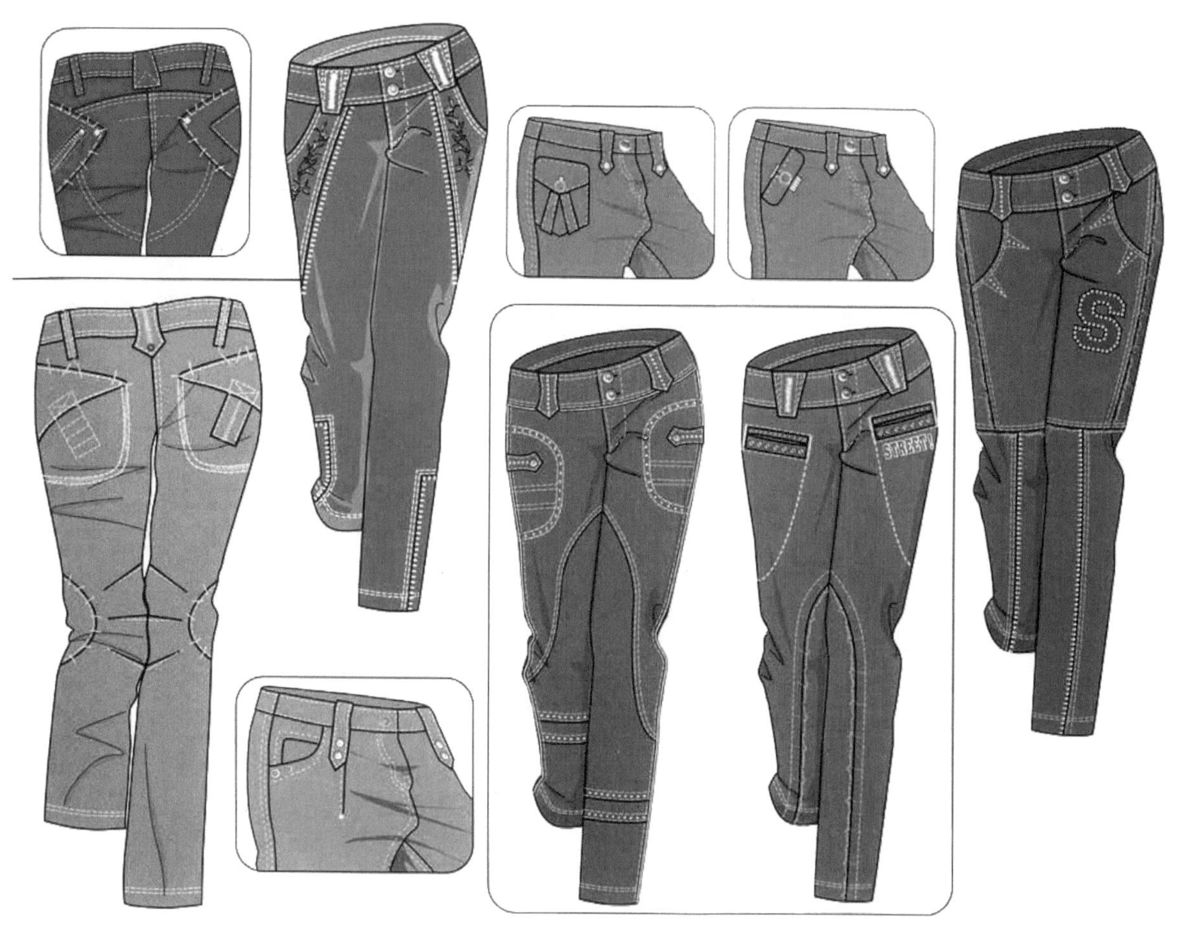

图 3-4-20 裤装系列

图 3-4-21 色彩设计系列

图 3-4-22　同一风格系列

如图 3-4-19 ~图 3-4-23 所示。

三、服装组合

服装产品组合是指服装企业销售的所有产品及其组合，包括各类产品及其品质以及数量比例等。服饰企业的产品组合常包括服装组合，如男装、女装、童装、运动装、内衣等；佩饰，如鞋帽、袜子、包等。服饰产品组合由产品线和产品项目构成。产品线指的是同一产品类中密切相关的产品，这种密切相关表现在它们以类似的方式发挥功能，或销售给类似的消费群体，或通过类似的渠道销售出去，或以类似的价格销售出去。产品项目指的是同一品牌或产品线内的明确的单位，服装企业的产品项目可以按照尺寸、价格、款式、规格等加以划分。

服装组合通过穿着效果展示，什么人合适穿这套服装、怎么穿以及怎样搭配。好的服装组合设计，在穿着时可作不同的组合搭配，并形成样式各异的外观。一组服装中可供组合的单元数量越多，其组合变化也越多。如短袖衬衫、长袖衬衫、背心、长裤、短裤、裙子、上装、外套，八件服可以有多种组合方法。

组合设计用在订货会或者实体店，如同系列设计一样，考虑相互搭配的风格统一，考虑各种搭配组合情况下的整体协调，如图 3-4-24、图 3-4-25 所示。

图 3-4-23　效果图与款式图结合的系列设计

四、款式图设计步骤

款式图设计根据用户要求或开发目标等具体情况，先进行设计企划工作，确定风格特征以后，搜集相关资料，进

图 3-4-24　组合设计 1

图 3-4-25　组合设计 2

行初期设计草图绘制，再经过反复确认和修改，形成最终的设计，设计图绘制阶段步骤。设计绘制方面步骤如下。

（1）第一步，根据人体基本构造，确定服装轮廓和底色。选择适合的人体模型，设计绘制服装的肥瘦长短等基本构造，包括帽子部分的大小位置，如图3-4-26所示。

（2）第二步，设计服装细节，体现服装面料材质。通过衣纹表现冲锋衣的材质，可以使用Ai画笔工具，在画笔面板调节和尝试画笔效果。

绘制服装细节形态以及细节的缝辑线等，如果是对称的可以复制对称到另一侧，如图3-4-27、图3-4-28所示。

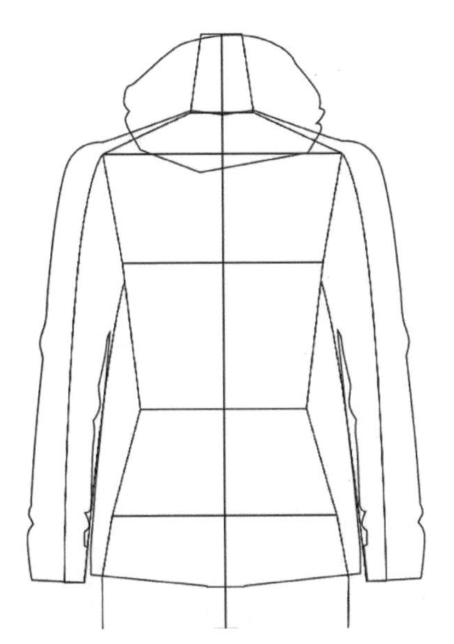

服装轮廓线稿　　填充基础颜色

图 3-4-26　绘制服装轮廓和基础色

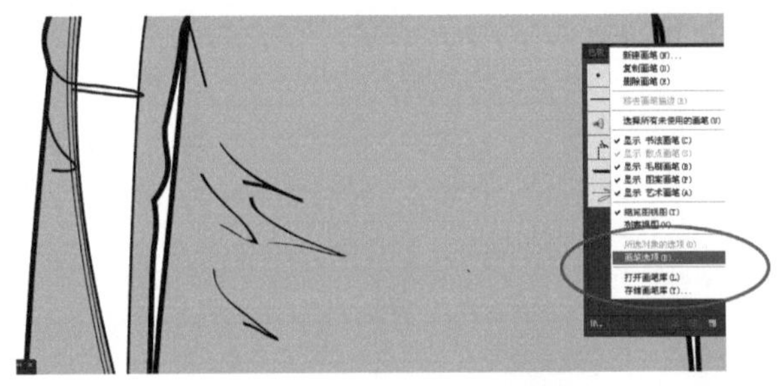

画笔工具的线条生动有变化

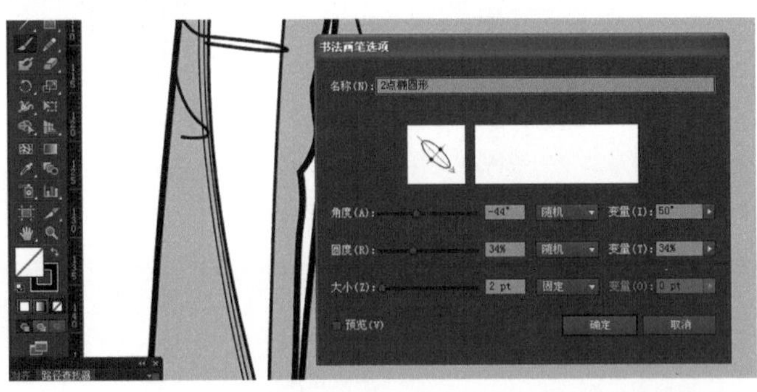

画笔面板-画笔选项

绘制衣纹　调整画笔

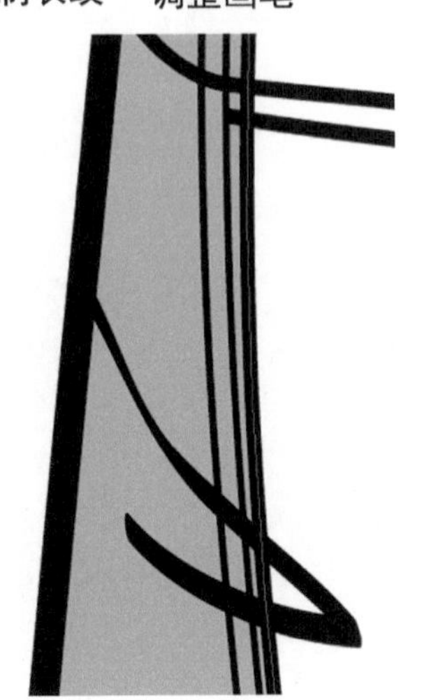

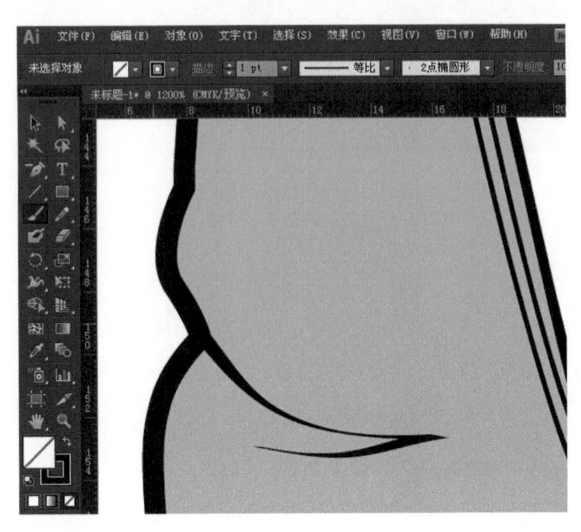

图 3-4-27　衣纹采用画笔工具操作示意图

（3）第三步，部件形态与位置的调整。设计服装部件形态，如口袋、帽兜，调整部件的位置，要反复观察比较，最终确定服装款式图设计，如图 3-4-29、图 3-4-30 所示。

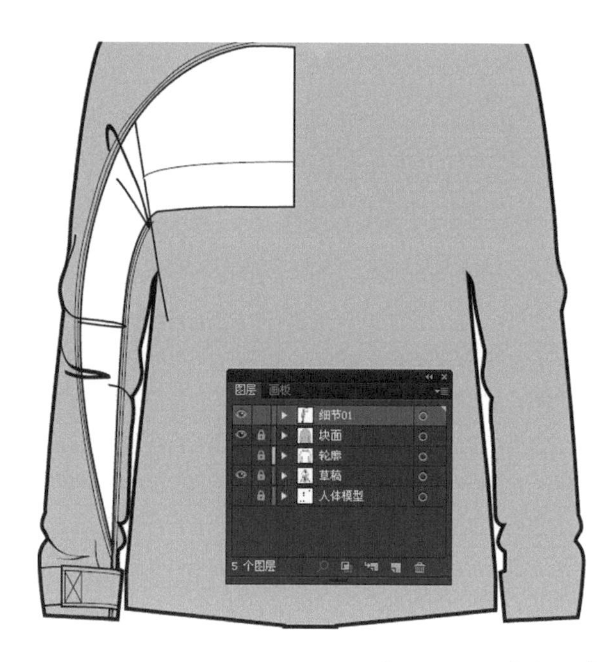

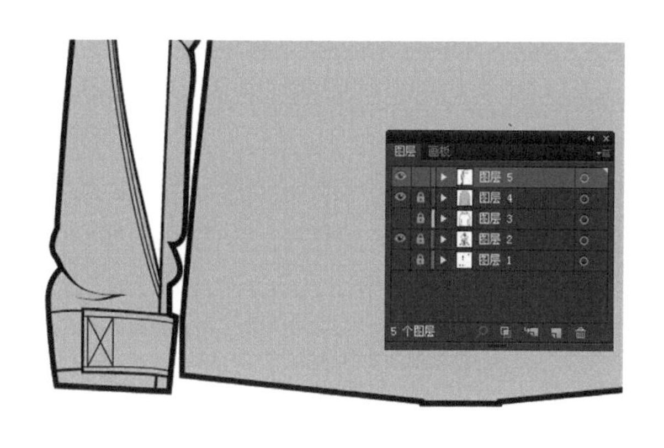

图 3-4-28　完成细节后再复制到对称的另一半

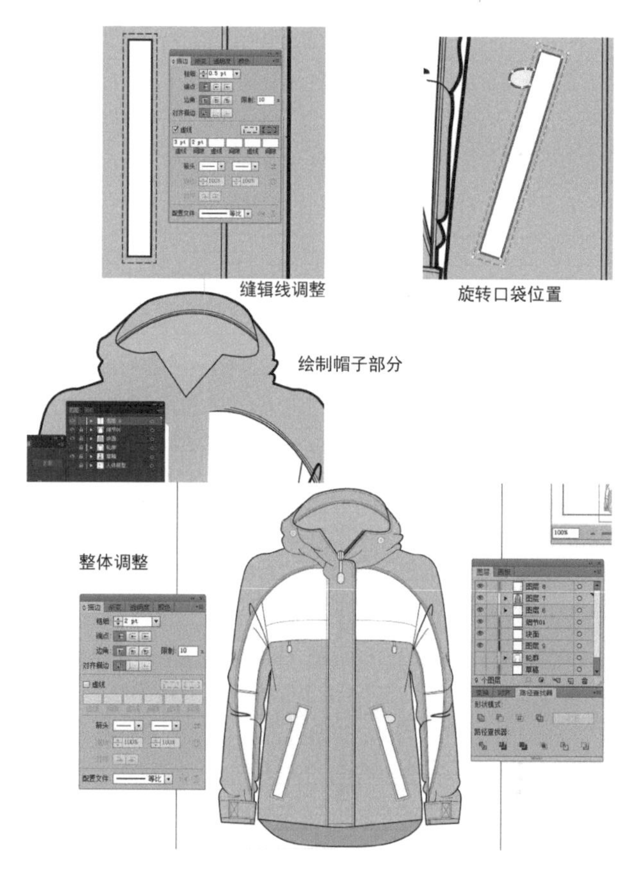

图 3-4-29　服装部件的调整操作示意图

图 3-4-30　完成冲锋衣款式图设计

第四章

服装效果图设计与绘制

服装效果图是为了展示服装的穿着效果而绘制的，因此，效果图往往体现人的形象，服装设计师在开发新产品时需要绘制效果图与企业进行交流，同时不断修改和完善设计。

第一节　服装效果图绘制过程

一、设计构思效果图

设计构思效果图反映了设计师的设计构思、服装搭配效果，是设计过程中设计师与企业、客户交流的主要手段，设计师把服装的穿着效果和风格特征用效果图的形式展现出来，以便听取各方的意见和建议，进行调整，最终确定设计方案。

设计构思图是前期设计交流过程中的文件，要求相对宽松，绘制上为了能够节约时间，常采用简洁的画法，对画面的构图、形式美感等没有过多的要求。

例如生活装的设计构思效果图，设计师以生活中的女性为蓝本，捕捉她们日常生活中的姿态，以观察设计的服装是否符合生活情景，对一些设计元素，如花纹、面料、装饰和配件等用文字进行说明，使他人对设计方案更容易理解，方便他人对设计方案提出改进意见。画法上采用画笔工具，绘制手法概括提炼，细节的刻画比较细致，整体上能够很好地表现服装实际穿着效果，如图4-1-1、图4-1-2所示。

设计构思效果图是设计交流沟通的桥梁，也是体现设计风格要点的主要手段，表现服装的整体风格，使他人能够对设计有一个整体上的认识，如图4-1-3所示。

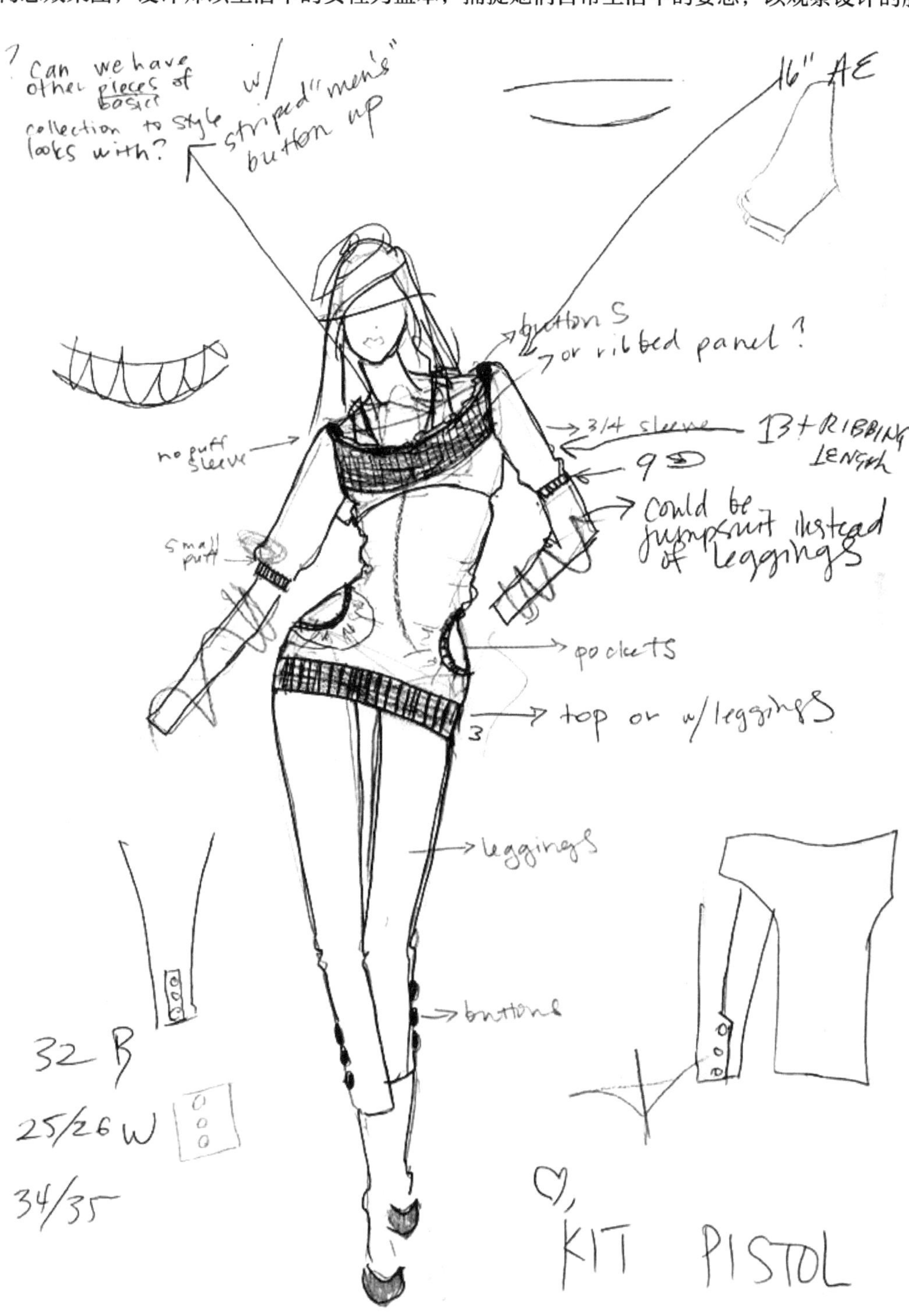

图 4-1-1　设计草图

图 4-1-2 设计构思

图 4-1-3 轻松笔触表现整体构思效果图

二、设计细化

设计细化是在确定服装基本形态以后，征求多方意见，对设计稿再一次确认后最终形成的设计效果图。如果说构思设计效果图关注的是整体风格，细化设计则更加关注细节，如图 4-1-4 ~图 4-1-6 所示。

图 4-1-4　设计细化

图 4-1-5　不同款式的穿着效果

图 4-1-6　风格相近的系列效果图

三、服装设计效果图表现

服装设计效果图表现形式多样，根据具体目的，绘制的形式各异。

一些时尚媒体会采用追求写实效果的效果图作为插画，在网络平台根据用户照片搭配服装，让用户能够看到服装穿在身上的效果，设计不同服装搭配效果。采用夸张的手法表现服装的艺术风格以及其他各种绘制形式。可以说效果图的表现不是一成不变的，经常根据设计者的风格和客户需求呈现，如图 4-1-7 ~图 4-1-12 所示。

图 4-1-7 写实风格的服装效果图（Ai）

图 4-1-9　表现不同服装搭配效果（Ai）

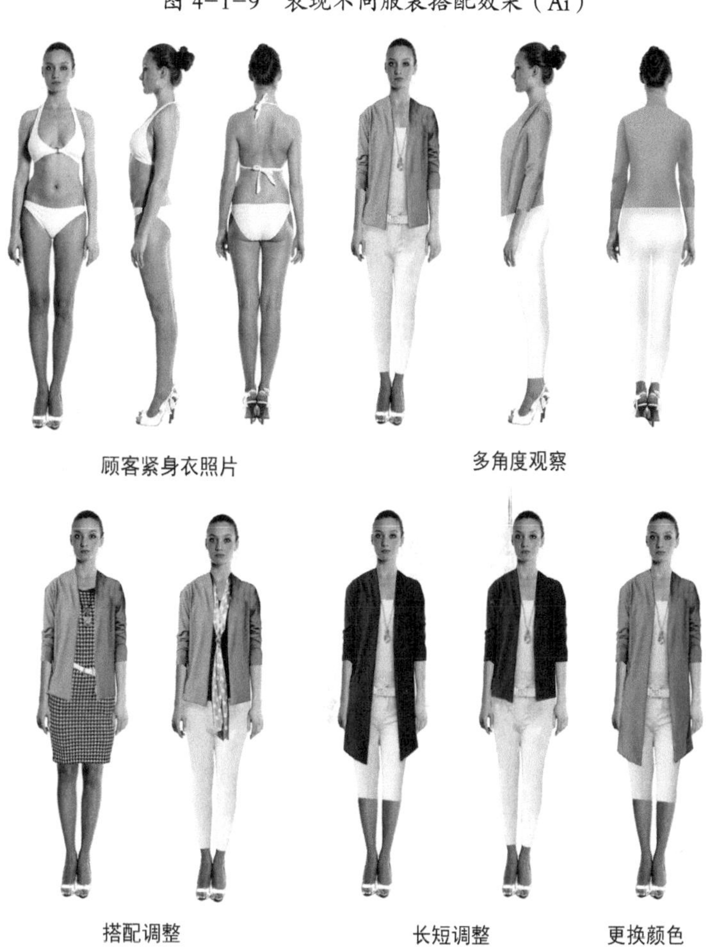

图 4-1-8　基于网络平台的交互式设计效果图（Ps）

图 4-1-10 具有艺术表现力的夸张效果图

图 4-1-11 以色块与材质表现为主的效果图

图 4-1-12　写实风格的矢量效果图（Ai）

第二节 服装效果图绘制方法

款式图的目的是表现衣服本身，而效果图的目的则是表现服装的穿着效果，看一看衣服在人的身上怎么穿、怎么搭配，因此效果图离不开人，绘制效果图首先要了解人体。

一、人体绘制

（一）人体形态

人体的基本形态为正面和背面是左右对称的，从侧面看变化较大。了解男女人体是男装女装效果图表现的基础。男性轮廓硬朗，女性显得柔和。人体在动作中的重心会呈现一条垂直线。人体的运动通过关节向空间各个方向转动。Ai和Ps是用平面来表现服装，容易忽略服装和人体的空间立体形态，因而要建立一个立体的概念，如图4-2-1～图4-2-4所示。

（二）人体获得

绘制人体可以通过写生、临摹、模仿和自创等方式获得。比较实际的方式是根据真实人体的图片获得人体形态。

真实人体有时候不够理性化，可以在其基础上适当夸张变形，如可以拉长四肢、缩小头部等。人体获得的简易方法可以通过Ai勾线、Ps处理得到。

1. 根据照片使用Ai获得人体

(1) 第一步，选择一张人体图片，放在底层，锁住。

(2) 第二步，新建图层绘制外轮廓线，画好锁住。

(3) 第三步，新建图层绘制身体细节。

(4) 第四步，新建图层绘制头发和五官。

(5) 第五步，新建图层绘制影调。

(6) 第六步，解开锁住绘制部分，框选组合。

如图4-2-5所示。

2. 根据照片使用Ps获得人体

(1) 第一步，选择一张人体照片，复制照片图层。

(2) 第二步，新图层中通过魔棒（或其他选择方式）选择外轮廓；清空背景，选择人体轮廓，使用编辑－描边绘

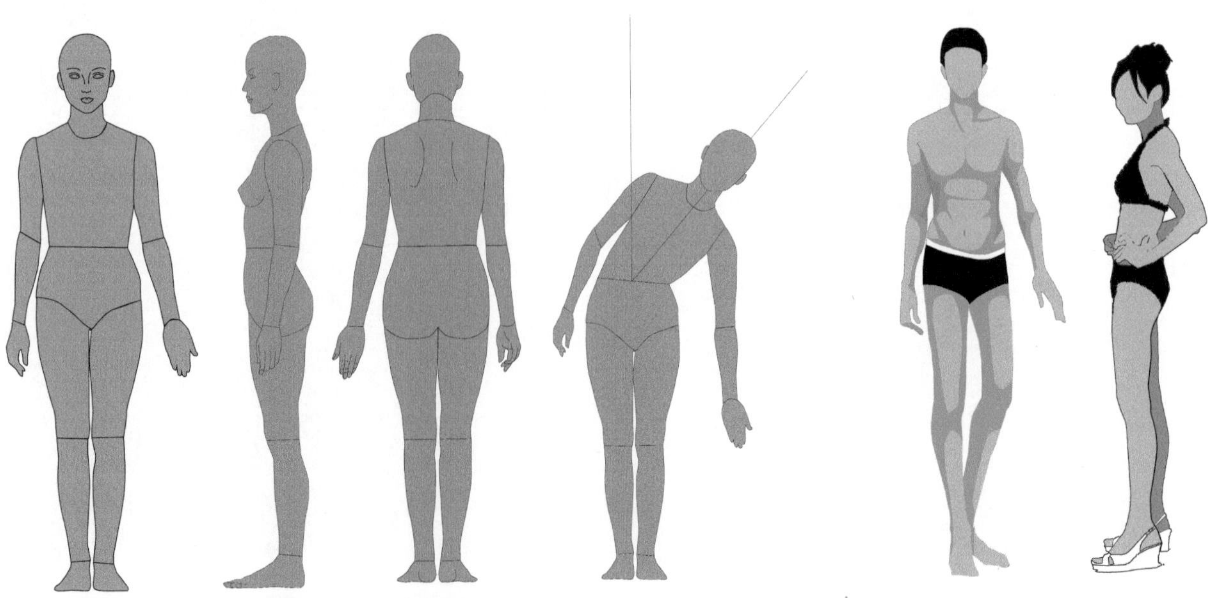

图4-2-1 人体的基本形态　　图4-2-2 男女人体

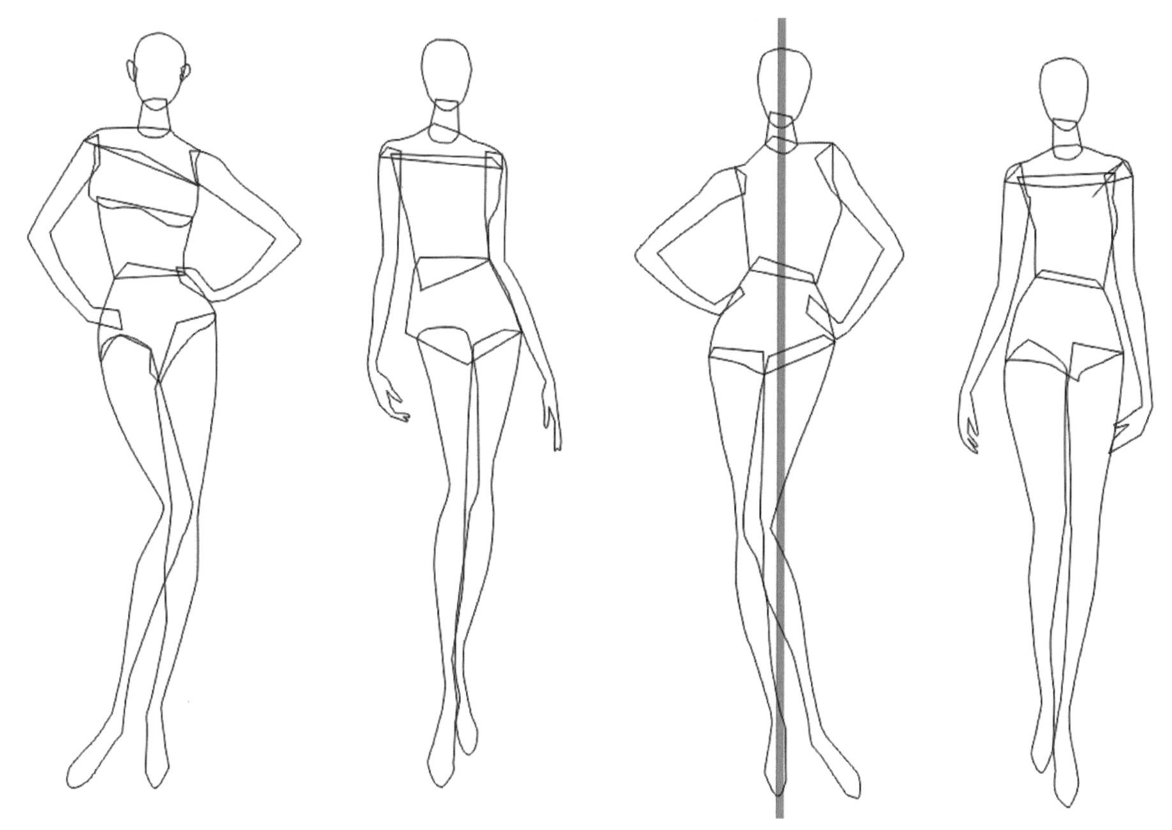

图 4-2-3　不同姿势的人体运动重心

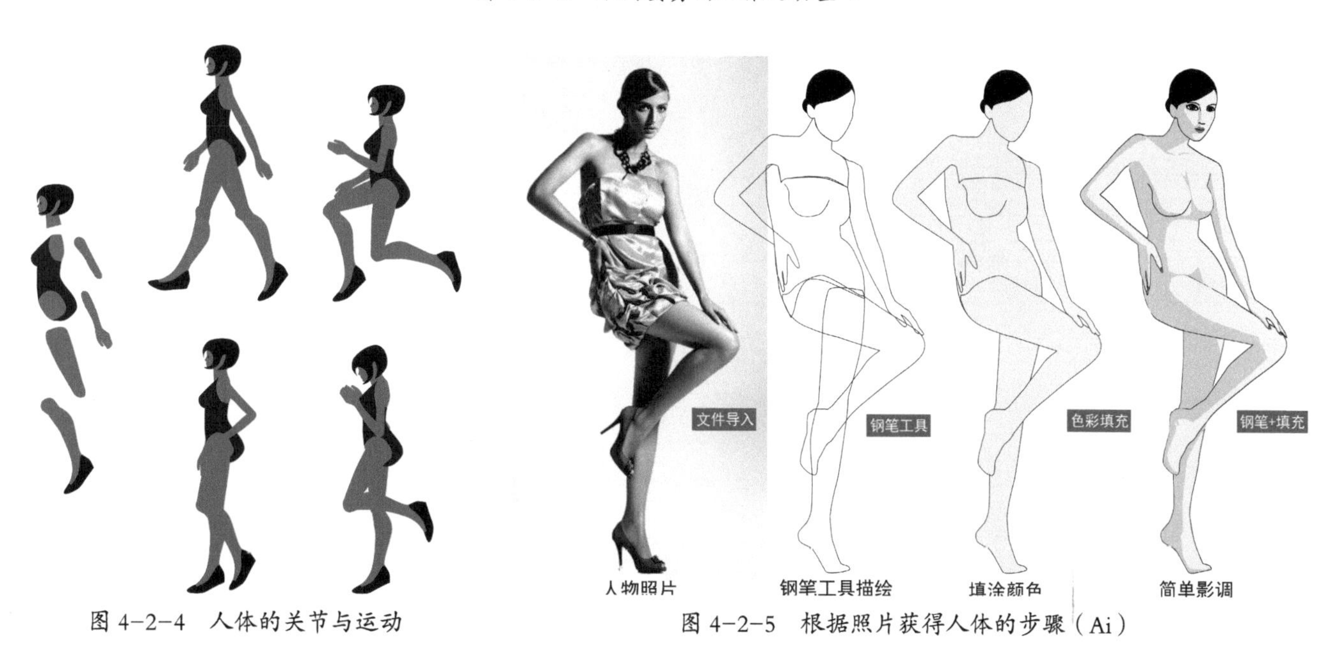

图 4-2-4　人体的关节与运动

图 4-2-5　根据照片获得人体的步骤（Ai）

制外轮廓线。

(3) 第三步，新建图层，手部等细节使用钢笔－路径，用画笔描边路径。

(4) 第五步，参考九头高比例，使用变形工具局部调整人体比例，主要是四肢长度，或使用滤镜中液化工具调整体型，使之成为理想化的人体。

(5) 第六步，完成后拼合线稿图层。

如图 4-2-6 ~图 4-2-8 所示。

（三）人体绘制

通过获得的人体可以直接用于效果图，也可以作为款式图设计的参照。设计人员也可以根据自己的设计特点，绘制属于自己的专属人体，绘制的人体比照片获得的人体显得正式、完整和美观。

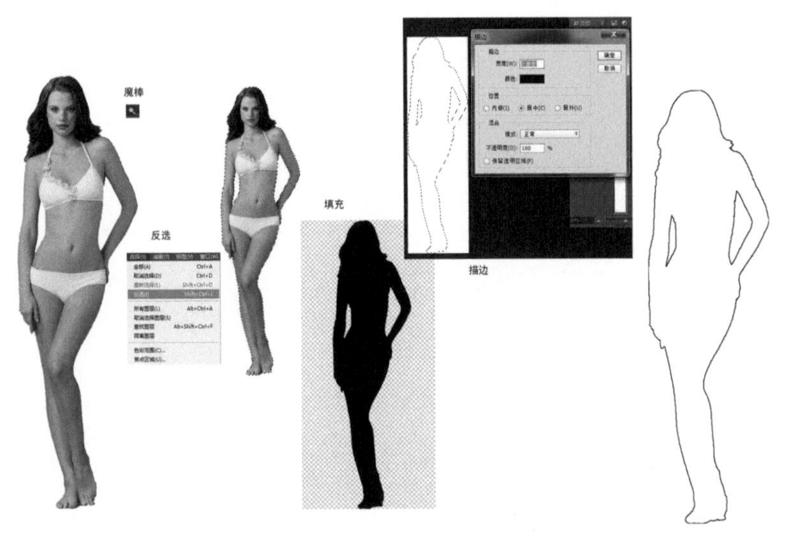

图 4-2-6 描边工具获得人体轮廓操作示意图（Ps）

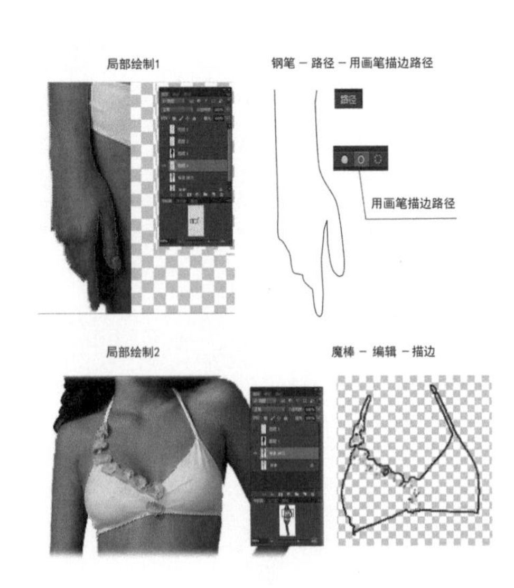

图 4-2-7 人体局部处理操作示意图（Ps）

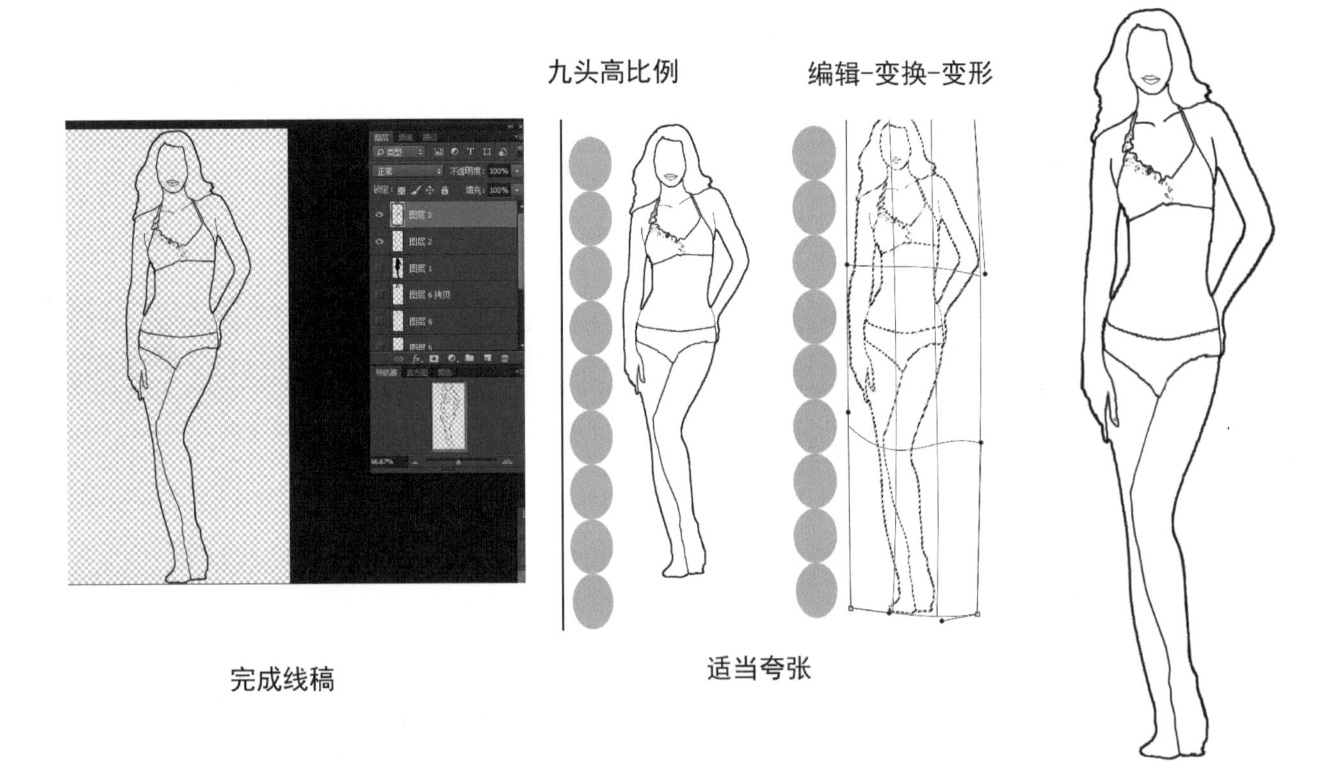

图 4-2-8 改变成理想化的人体操作示意图（Ps）

1.Ai 人体绘制

(1) 第一步，绘制草图和人体比例，或使用图片作为参考，放在底层，锁住。

(2) 第二步，新建图层绘制外轮廓线，画好锁住。

(3) 第三步，新建图层绘制头部，可以使用路径查找器，把几个块面联集成一个。

(4) 第四步，人体如果是对称，则使用复制和对称命令将另一半完成。

(5) 第五步，完成理想人体轮廓。

(6) 第六步，完成轮廓后，在轮廓上填色，另建一层绘制影调，影调分为高光、中间调和暗调三个层次。

如图 4-2-9 ~图 4-2-11 所示。

建立一个实用的人体素材库，对于数码服装设计而言是十分必要的。每次设计的时候根据需要找出相应的人体，能够极大地提高设计效率。人题库可以根据写实、设计、表现等分类，也可以根据男女童、胖瘦等分类。人题库图片

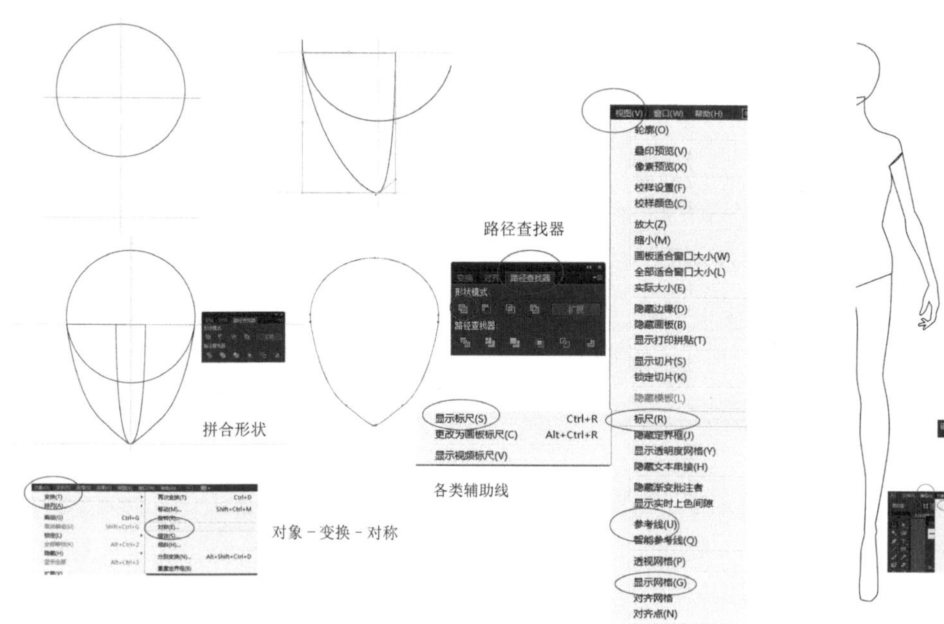

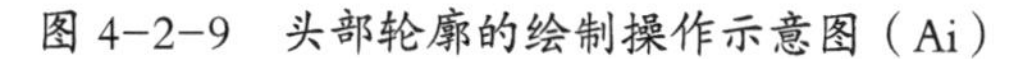

图 4-2-9　头部轮廓的绘制操作示意图（Ai）

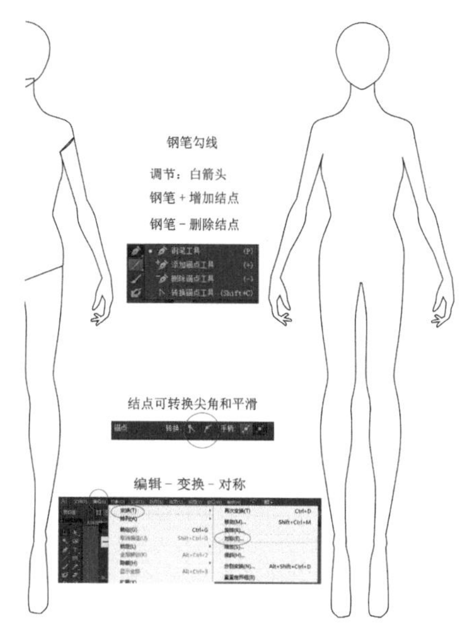

图 4-2-10　人体轮廓绘制操作示意图（Ai）

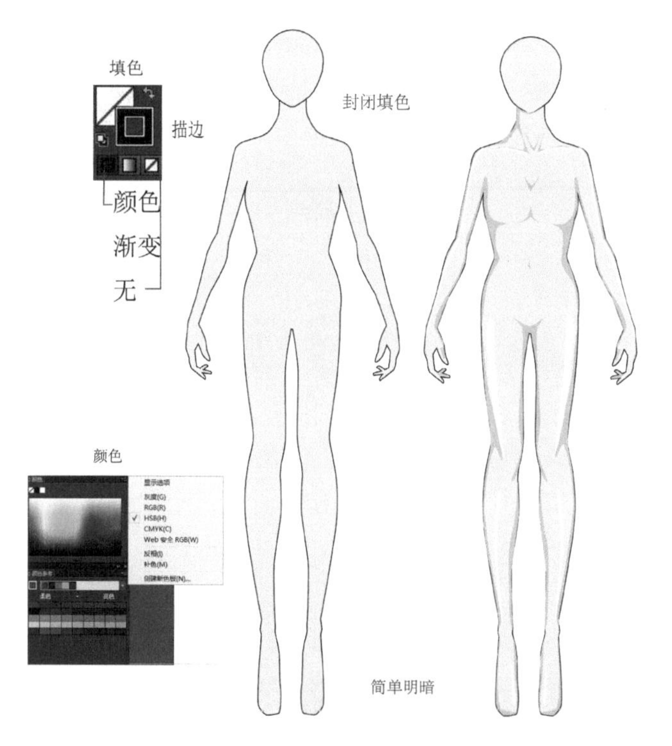

图 4-2-11　填充颜色和影调（Ai）

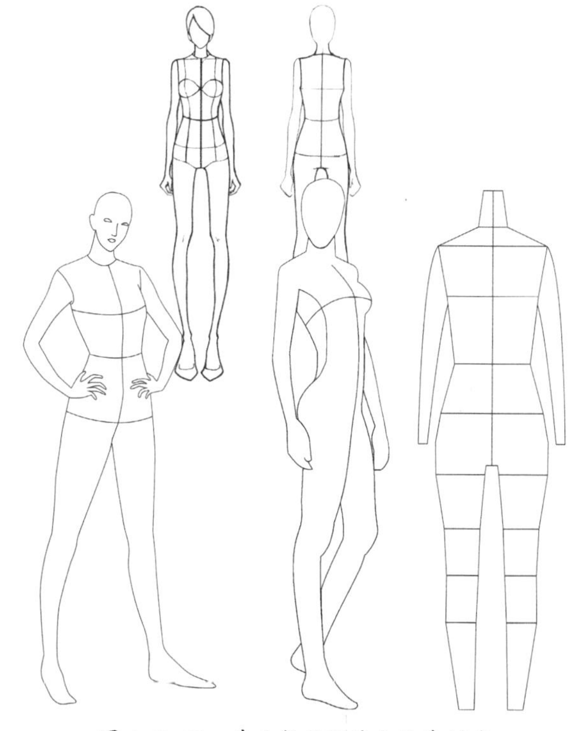

图 4-2-12　建立数码设计人体素材库

最好采用 PNG 格式保存，透明背景的人体方便在其上面设计绘制服装，如图 4-2-12、图 4-2-13 所示。

二、 头部绘制

头部是一幅效果图的表情，一幅效果图没有面部五官就像一个人体模型或衣架，缺少拉近观看者距离的要素。现实中脸部也是人们首选关注的对象，其次才是身材和衣服。一个有面部表情的脸可以让观赏者更快地融入到观赏中。

（一）Ps 头部绘制（数位板或鼠标）

(1) 第一步，绘制头部草图，根据草图绘制正式稿。

(2) 第二步，新建图层勾画头部五官线稿。

(3) 第三步，每画一个内容新建一层。绘制头发形状，边缘进行羽化；绘制眉毛，边缘进行羽化。

(4) 第四步，绘制眼睛，注意一些形状通过画笔填色时，通过调整画笔流量和不透明度表现其色调的深浅变化。绘制睫毛，可使用数位板画笔（或鼠标钢笔），在皮肤上面再建一层绘制眼影。绘制好以后，加透明高光，表现眼睛玻璃体的晶莹。

(5) 第五步，绘制鼻子，钢笔选择区域表现鼻梁投影，同样注意颜色深浅变化。概括绘制鼻孔以及影调，最好使用浅淡的画笔使用不同颜色多涂几次，使颜色丰富又具有层次感。

(6) 第六步，绘制嘴，钢笔勾画嘴型，变为选区，然后使用画笔涂色，涂好唇色以后，加透明高光，高光为白色，调整高光图层的透明度，就可以变为透明高光。

(7) 第七步，绘制肤色，在皮肤层绘制肤色，使用填充和浅淡画笔突出画脸颊色。

头部绘制如图 4-2-14 ~图 4-4-2-18 所示。

（二）Ai 头部绘制

图 4-2-13 表现类型的人体素材库

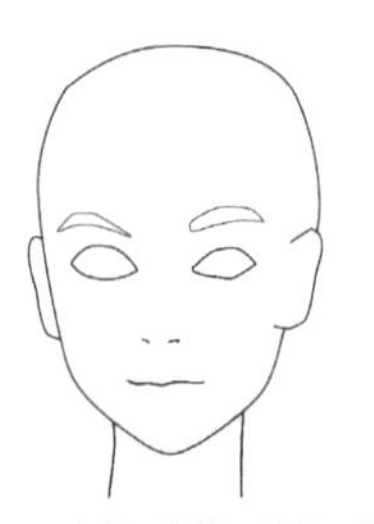

勾线－钢笔－路径－描边

头发－羽化

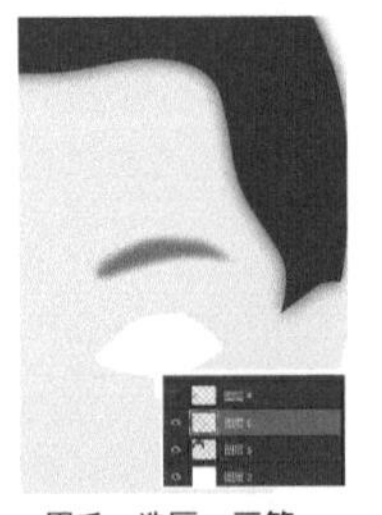

眉毛－选区－画笔

眼形－钢笔－选区－填充颜色

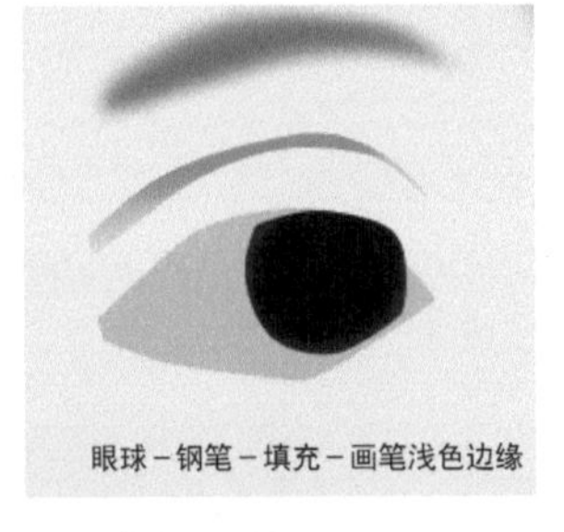

眼球－钢笔－填充－画笔浅色边缘

图 4-2-14 Ps 头像眼睛与头发绘制

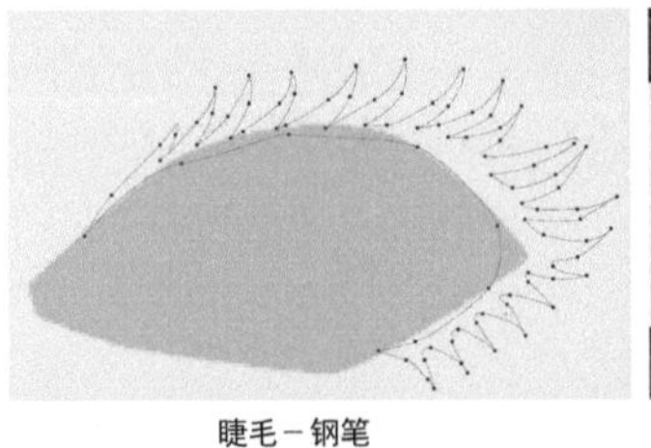

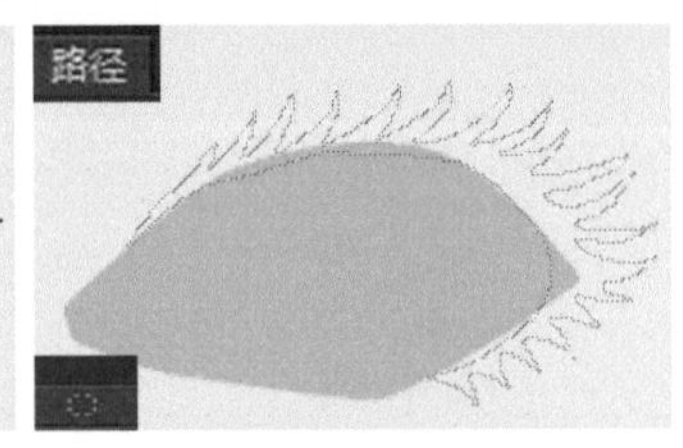

睫毛－钢笔

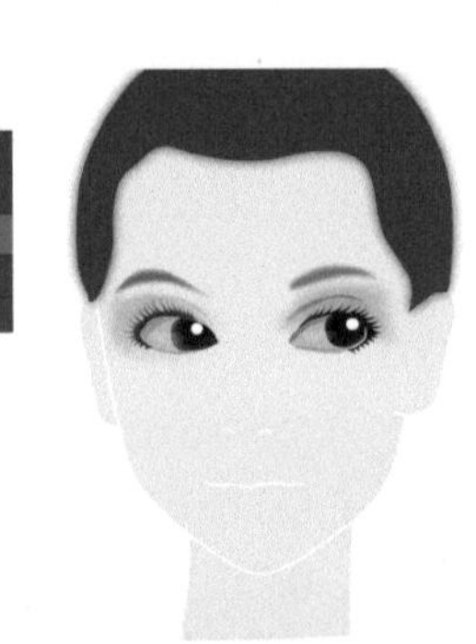

眼影－下层图层－画笔

图 4-2-15 Ps 头像眼球与睫毛绘制

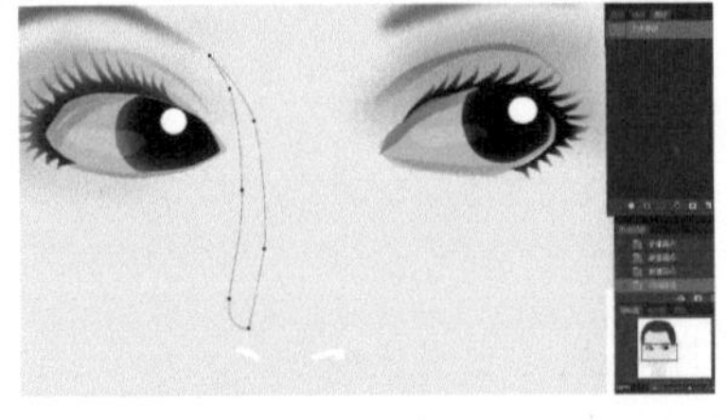

鼻影－钢笔－路径－选区

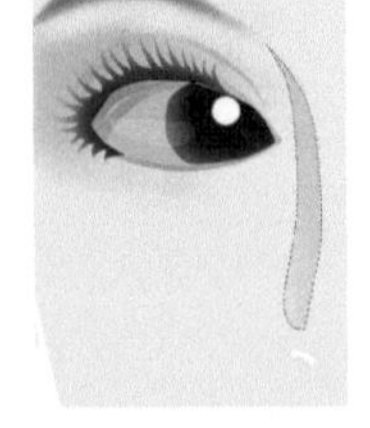

鼻影－画笔－不透明度－流量

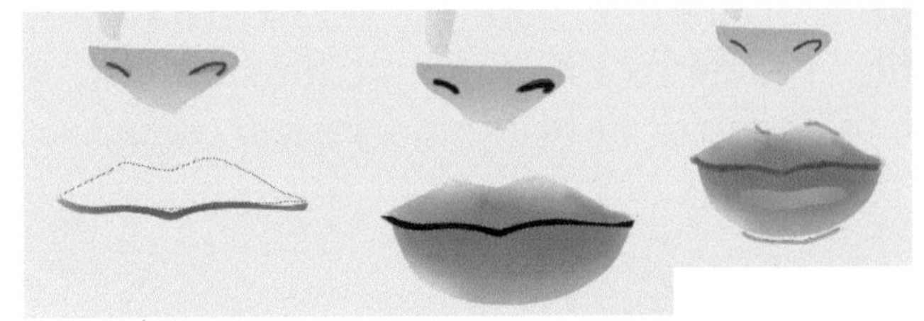

嘴唇－钢笔－选区

唇色－画笔

高光－新图层－画笔－图层不透明度

图 4-2-16 Ps 头像鼻子与嘴绘制

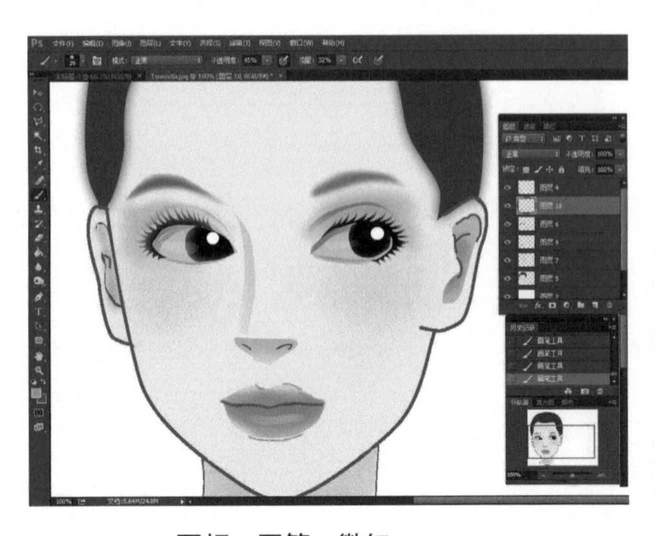

面颊－画笔－微红

图 4-2-17 Ps 头像细节绘制

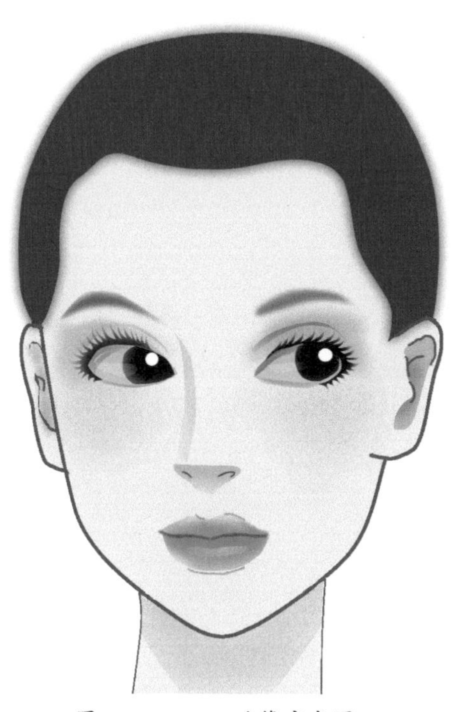

图 4-2-18　Ps 头像完成图

(1) 第一步、新建绘制草稿为一层。

(2) 第二步、根据草稿使用钢笔绘制头部轮廓，填色。

(3) 第三步，绘制五官，分图层分别绘制五官，以先外轮廓－填色－细节－影调的步骤完成。

(4) 第四步，Ai 的高光可在透明度面板中调整，调整成中间实边缘虚的高光。

(5) 第五步，绘制头发，先绘制头发轮廓，使用网格工具，使用白尖头建立锚点，注意锚点不宜过多，每个锚点就是填色最浓处，渐渐向边缘变淡。色彩填好以后，绘制头发发丝走向。

如图 4-2-19 ~图 4-2-21 所示。

头部绘制可以尝试使用各种数码软件进行练习，力求做到生动自然，与人体一样，做好的头像和发型也可以建立一个数码素材库，以便设计的时候随时调用。头部表现风格各异，极具表现力，如图 4-2-22 ~图 4-2-25 所示。

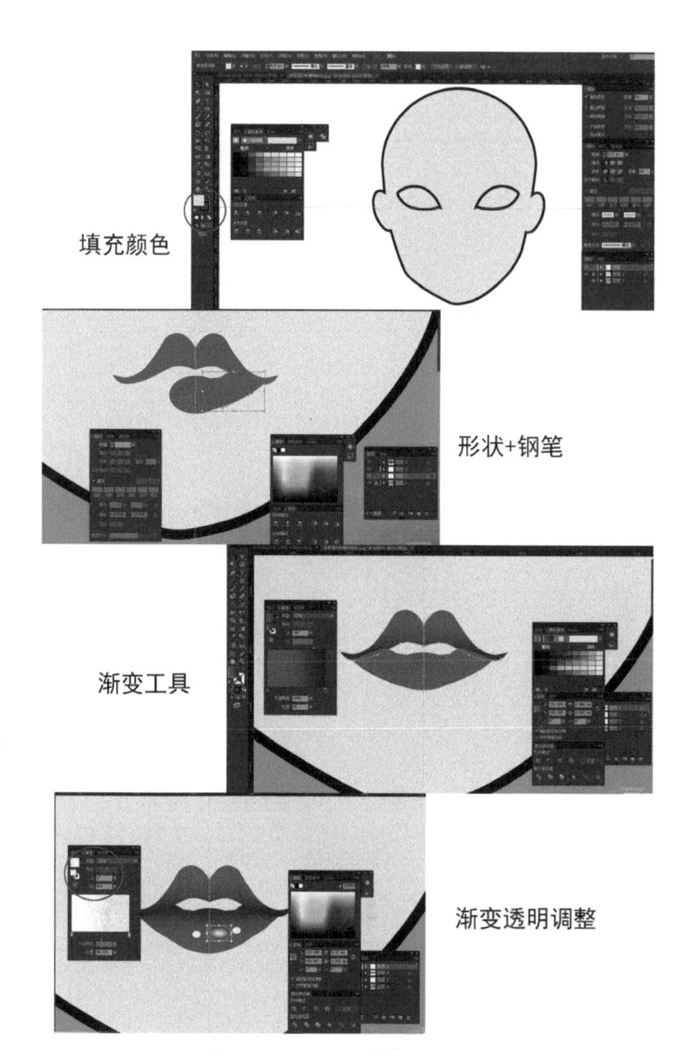

图 4-2-19　Ai 嘴部画法

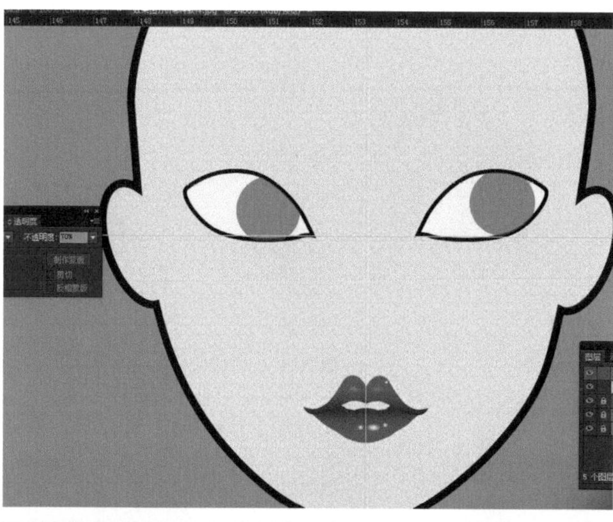

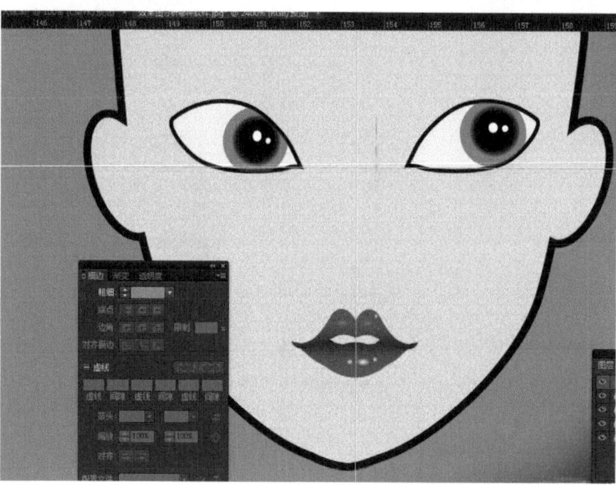

图 4-2-20　Ai 眼睛画法

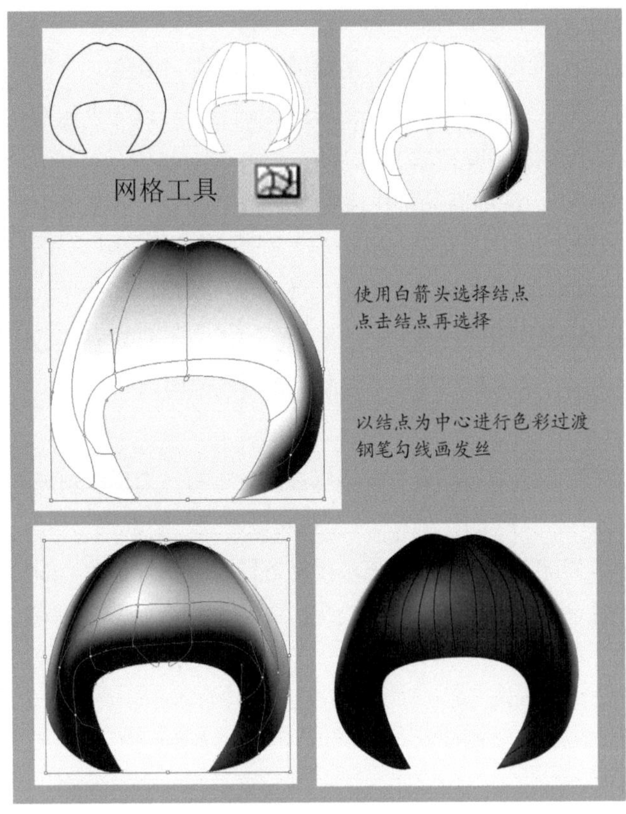

图 4-2-21 Ai 头发画法

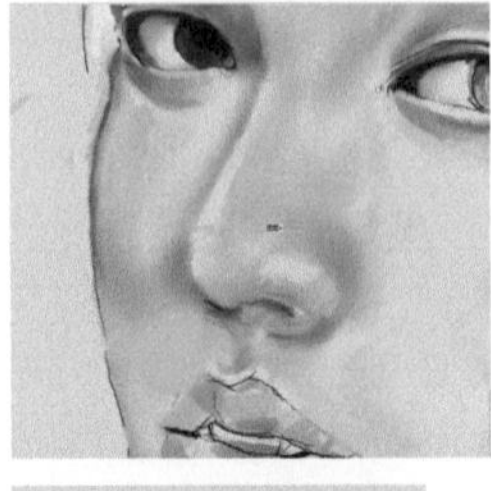

图 4-2-22 使用软件 SAI 的头像绘制练习

图 4-2-23 头像素材库

图 4-2-24 头发素材应用

三、服装绘制

（一）了解服装与人体的关系

人体穿着服装以后就呈现出另外一种不同于人体的外观形态，即使是紧身衣，也在材质颜色等方面区别于人体，服装改变了人的外观。服装既依托于人体，同时也有自身的造型，服装随着时代的变迁，外轮廓也在不断变化，如图 4-2-26 所示。

服装由面料构成，相对柔软的面料覆盖于人体，就会产生各种各样的衣纹，有的是大的衣褶，有的是细碎的衣褶。服装穿着在人身上，随着人体的动态而产生变化，为了更好地掌握衣纹变化的规律，平时要注意观察衣褶形成，经常速写练习，观赏绘画艺术中衣纹的表现方式，如图 4-2-27 所示。

（二）学习方法

1. 模仿优秀作品

学习绘制服装效果图，不能一味地模仿，而是学习优秀作品的表现手法，最终形成自己的表现风格。找一张好的效果图，首先提取要学习的元素，如图 4-2-28 中

图 4-2-25　风格各异的头像绘制

图 4-2-26　形态各异的服装外轮廓

图 4-2-27　绘画艺术中的服装衣纹

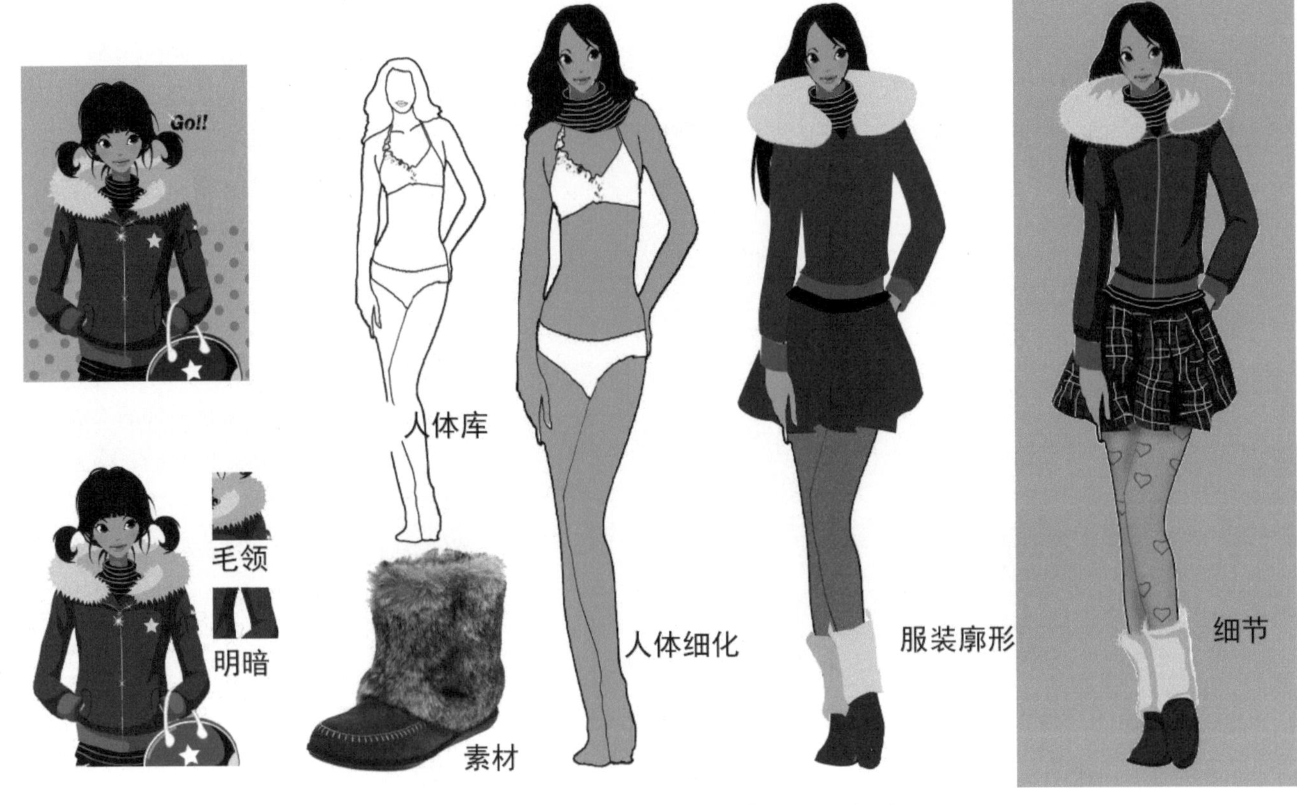

图 4-2-28 学习优秀效果图的表现方法（Ps）

的毛领和服装影调明暗，在自己画好的人体上设计相似的服装，学习如何表现，最终把表现方法变成自己能够驾驭的技法，为今后的设计工作服务。

2. 临摹真实服装

真实服装有实际穿着后的光影及衣纹变化，比臆想的绘画更加真实。临摹真实服装或照片，可以在实际的基础上加入绘制者对服装的理解，适当地夸张、取舍和概括，逐步掌握服装各种形态和细节的表现手法，如图 4-2-29 所示。

（三）在人体上绘制

在人体模型上绘制是服装效果图最为常用的表现手法，根据人体库素材，新建图层，在不影响人体素材的情况下，绘制不同的服装。这样做的优势在于能够快速更换服装，观察不同的搭配效果，也能够更好地表现内衣和外衣、上衣和下衣的配合效果，如图 4-2-30 ~图 4-2-38 所示。

（四）效果图绘制步骤

效果图绘制的一般步骤为线稿、颜色和细节刻画。以数位板绘制 Ps 女装为例进行操作说明。

(1) 第一步，绘制效果图线稿。数位板使用时与手绘一样，注意线条的节奏感，用线表现厚度、转折和影调。

(2) 第二步，局部上色。使用画笔绘制人物和服装的影调，影调层次不宜过多，以视觉上清晰为宜。

(3) 第三步，为了表现柔和的颜色过渡，可以使用混合气画

图 4-2-29 临摹真实服装（Ai）

笔，混合颜色之间的界限，注意要适当，有些地方的界限要清晰，有些则要柔和，把握好度。

(4) 第四步，整体调整。一些需要加强和减弱的地方再进行调整，可以使用 Ps 中调整工具，如图 4-2-39 所示。

（五）尝试其他方法绘制

为了使服装效果图更加生动，可以尝试更多的表现方法。例如扁平化表现方法、铅笔表现、绘画表现、平涂表现、毛衫表现、粗犷风格等，使效果图形式更加丰富、更具表现力，如图 4-2-40 ~图 4-2-46 所示。

图 4-2-30　在人体上绘制服装 1

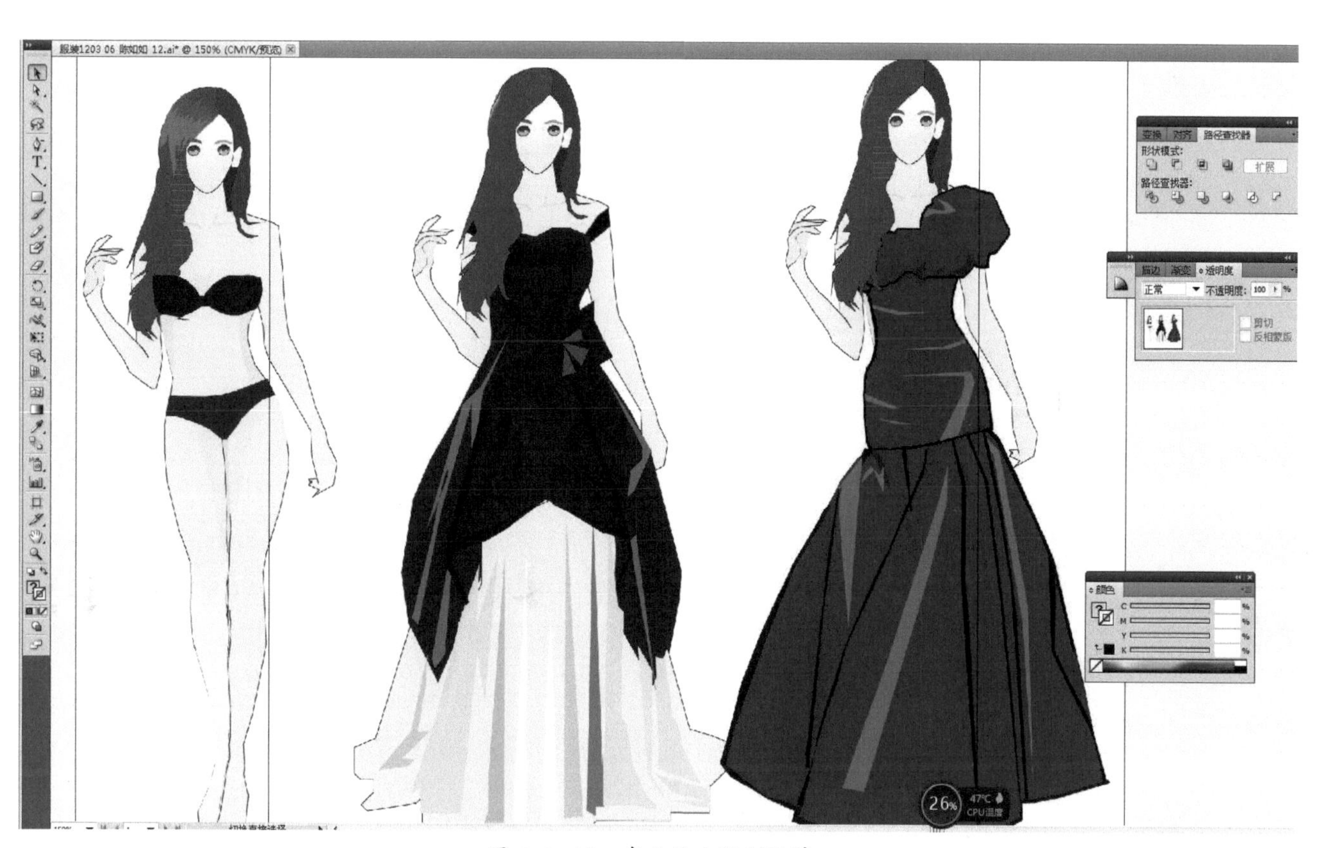

图 4-2-31　在人体上绘制服装 2

图 4-2-32 在人体上绘制服装 3

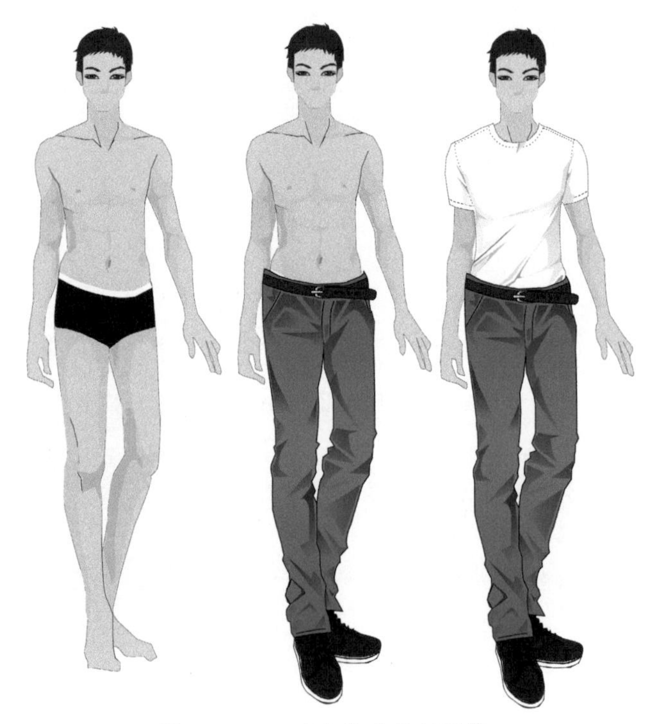

图 4-2-33 在人体上绘制服装 4

图 4-2-34 在人体上绘制服装 5

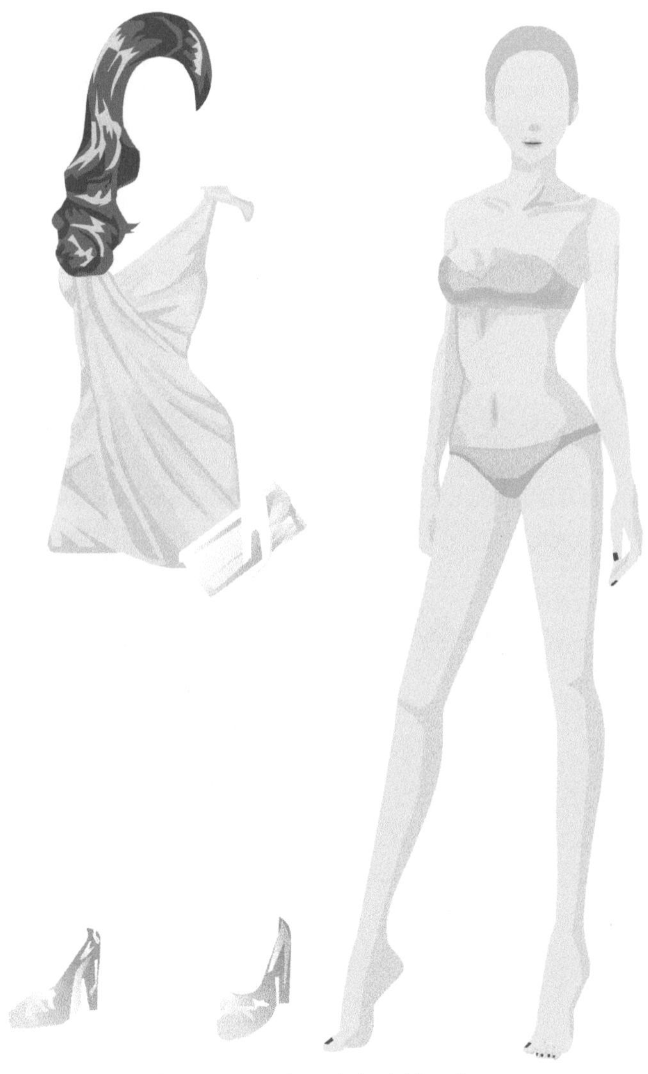

图 4-2-35 在人体上绘制服装 6

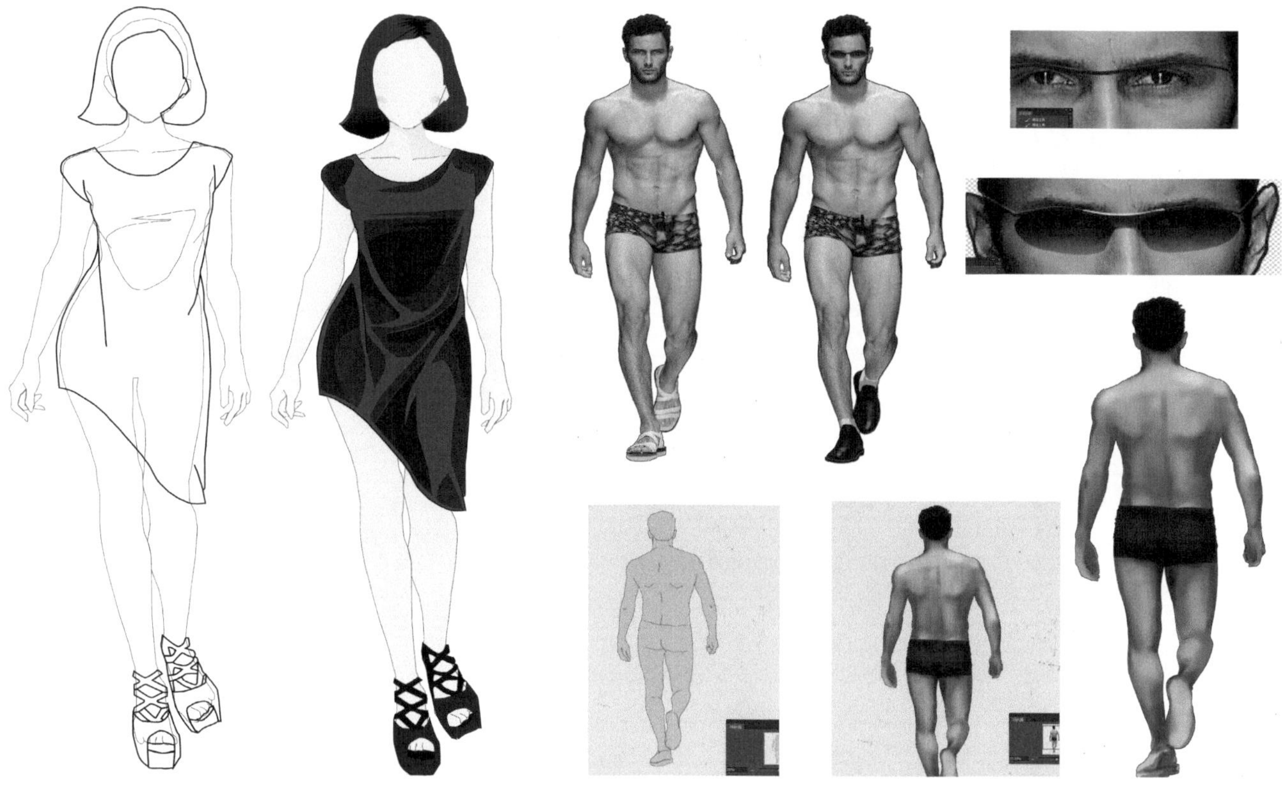

图 4-2-36　在人体上绘制服装 7

图 4-2-37　在人体上绘制服装 8

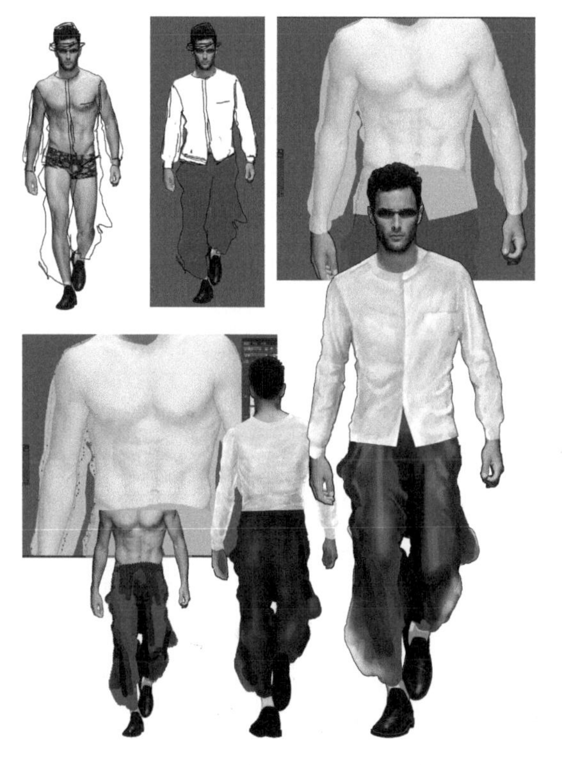

图 4-2-38　在人体上绘制服装 9

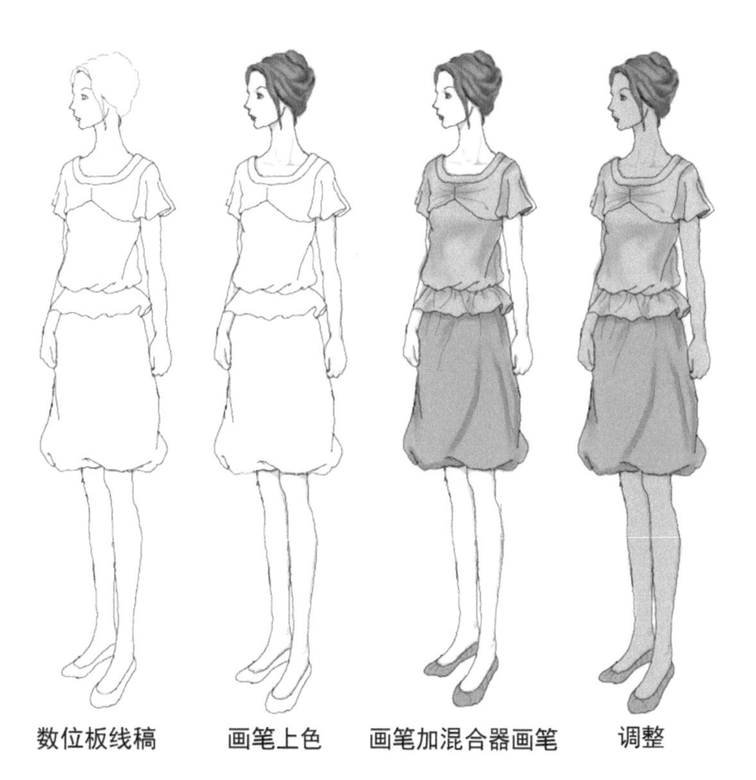

图 4-2-39　数位板绘制和上色步骤

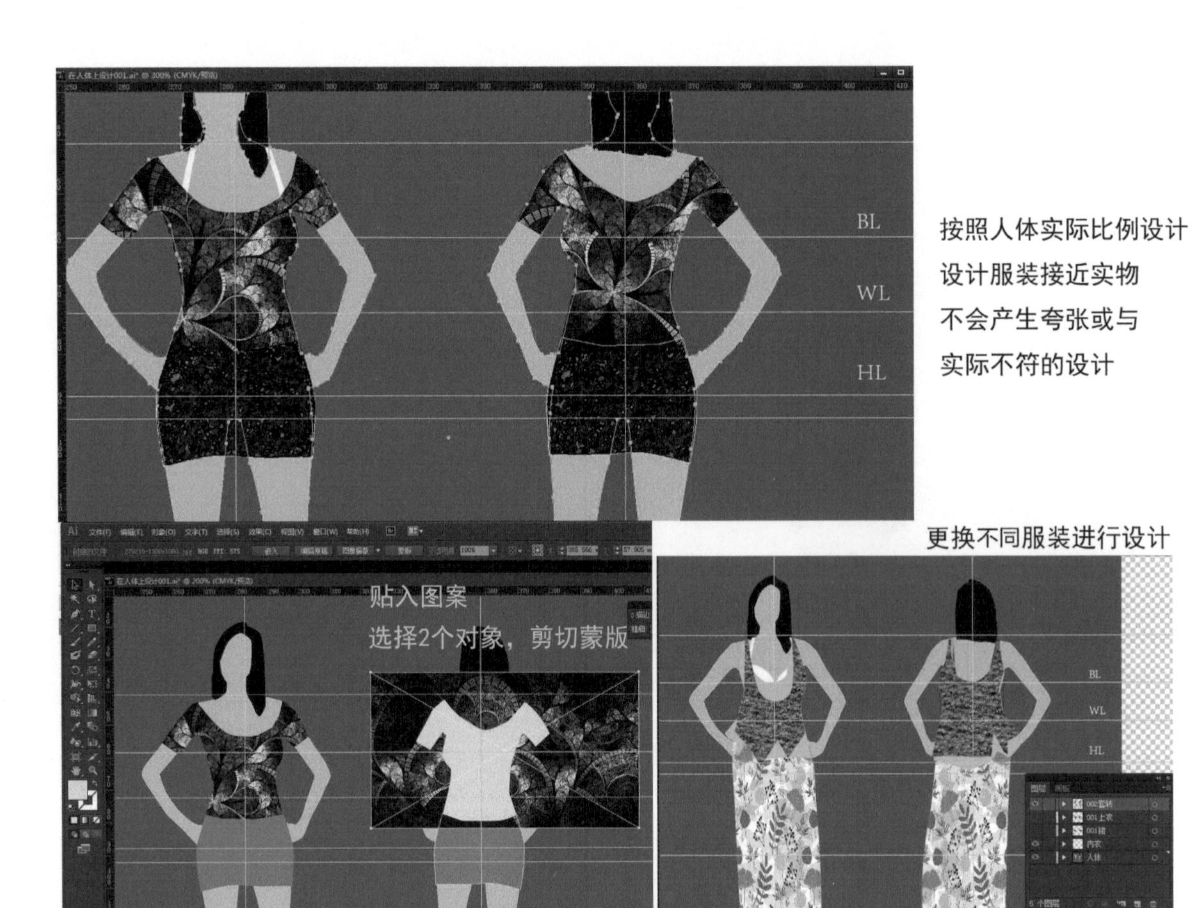

图 4-2-40 以图形为主的扁平化表现效果图(Ai)

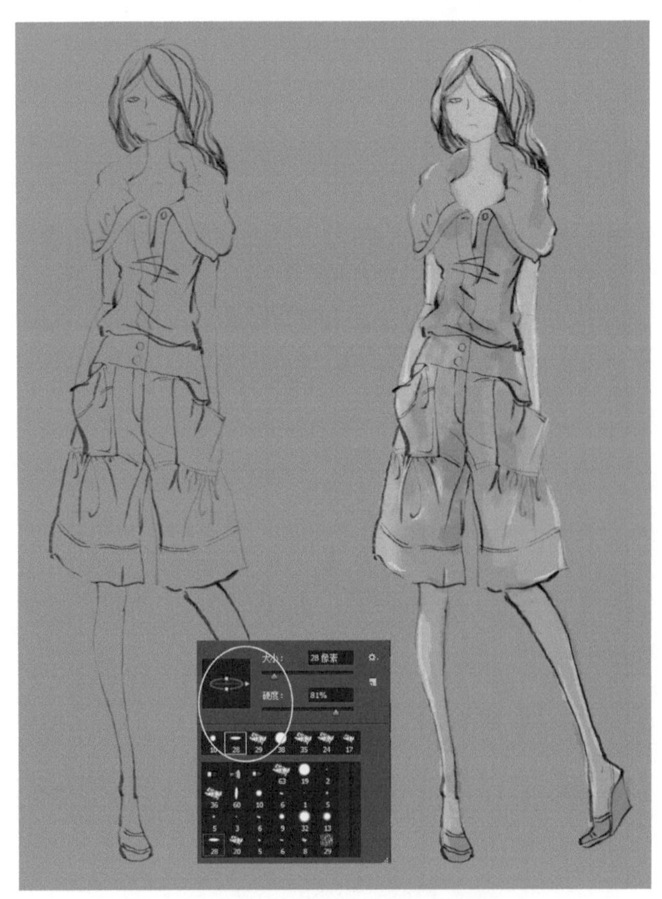

图 4-2-41 数位板模仿铅笔效果表现(Ps)

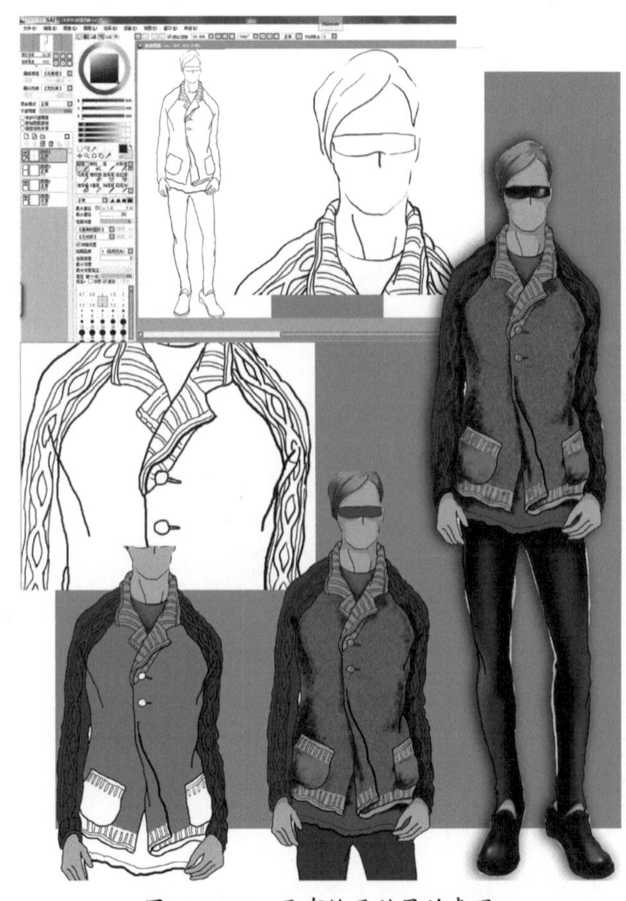

图 4-2-42 具有绘画效果的表现

图 4-2-43　没有影调的平涂填色表现（Ai）

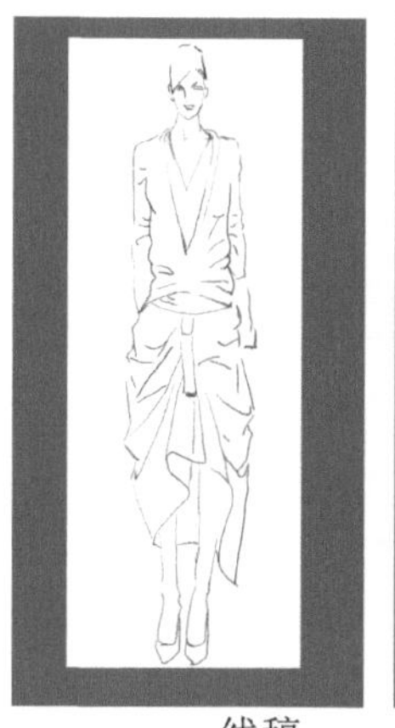

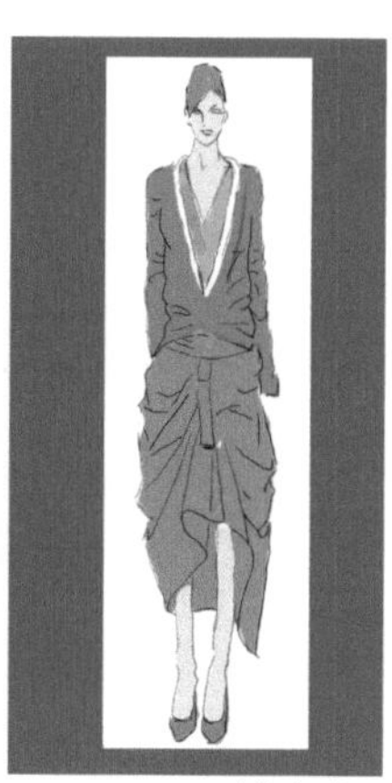

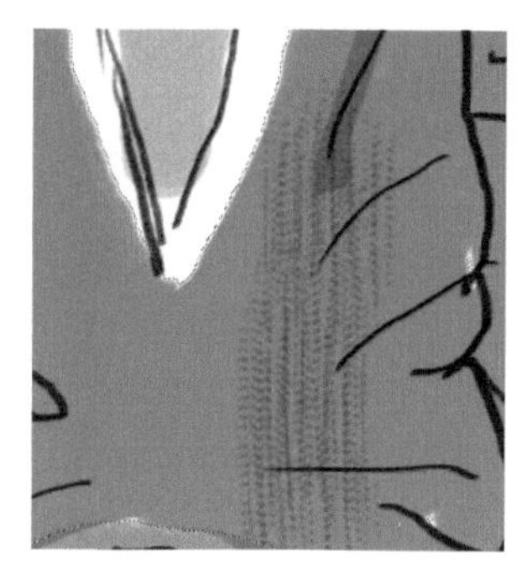

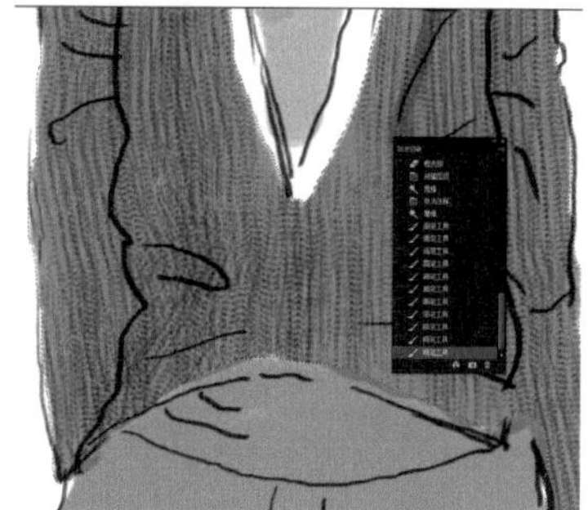

图 4-2-44　毛衫表现 1（Ps）

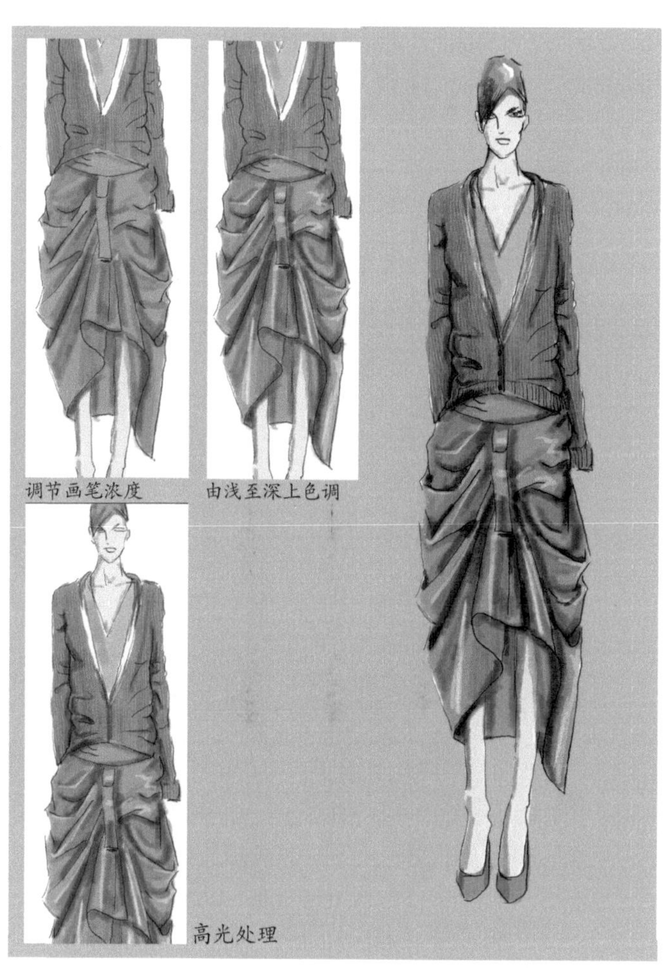

图 4-2-45　毛衫表现 2（Ps）

图 4-2-46 粗犷风格的效果图

第三节　Ps 数码服装效果图设计案例

一、小西服更换设计（Ps 数位板）

通过更换服装款式、面料、细节和搭配等，选择最优的设计效果。

(1) 第一步，建立与服装风格相适应的人物形象，数位板绘制草图、上色和调整人体色调。

(2) 第二步，在人体上绘制服装，服装边缘可使用影调表现；设计方面注重服装上下衣搭配关系。

(3) 第三步，设计几个配色方案，包括颜色和面料，便于选择最优的设计结果。

(4) 第四步，设计几个款式方案，包括服装部件和位置，便于选择最优的设计结果。

绘制过程如图 4-3-1 ~图 4-3-5 所示。

二、女春秋装设计（Ps 数位板）

在人体上设计服装，对面料、细节进行精心的刻画，设计出接近真实服装的效果图。

(1) 第一步，准备人体图片，使用 Ps 合成人体，绘制时调整图层透明度，新建图层使用数位板勾线。

(2) 第二步，完成线稿以后，使用魔棒工具选择填色，为了使色调层次分明，预先安排几个色块，需要时使用吸管提色。整体颜色绘制好以后，进行局部刻画，注意细节影调关系。

(3) 第三步，完成人体后保存。在人体上设计服装轮廓，不断调整，使用橡皮工具擦除不满意的部分，实在不好

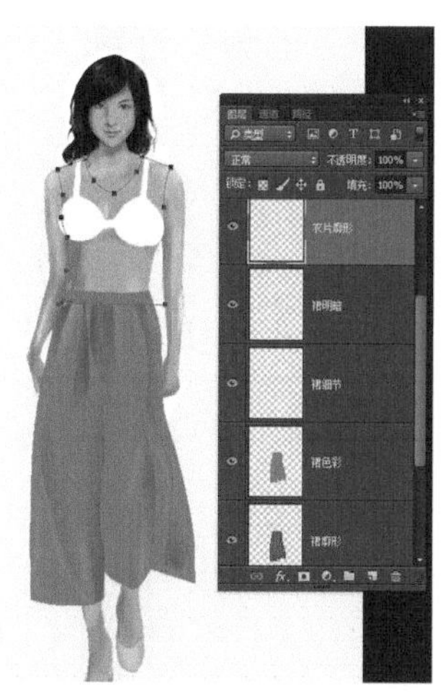

图 4-3-2　使用高纯度颜色绘制款式

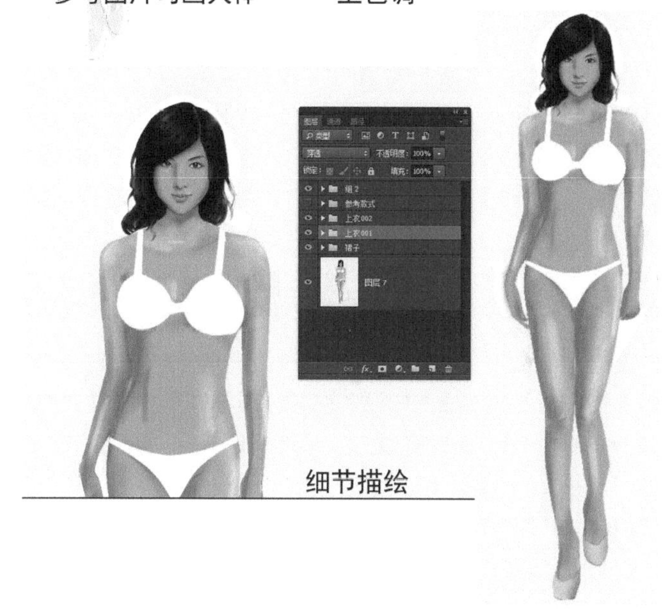

图 4-3-1　建立适合的人物形象有利于更好地观察设计效果

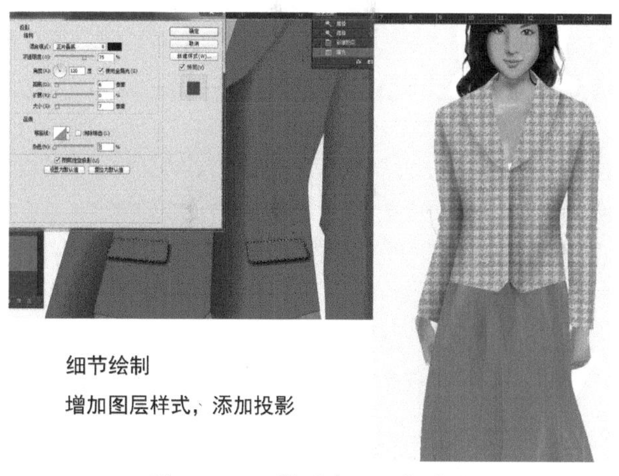

图 4-3-3　影调使用一个图层

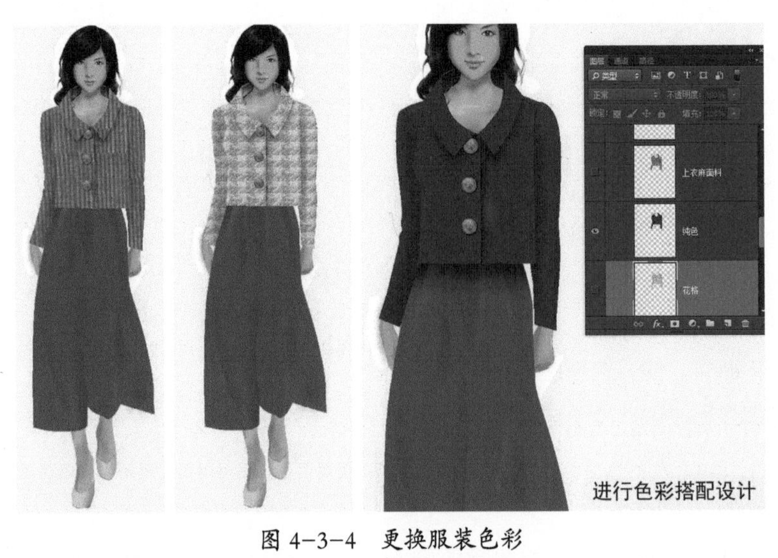

图 4-3-4　更换服装色彩

图 4-3-5　保存搭配好的服装为 jpg 格式

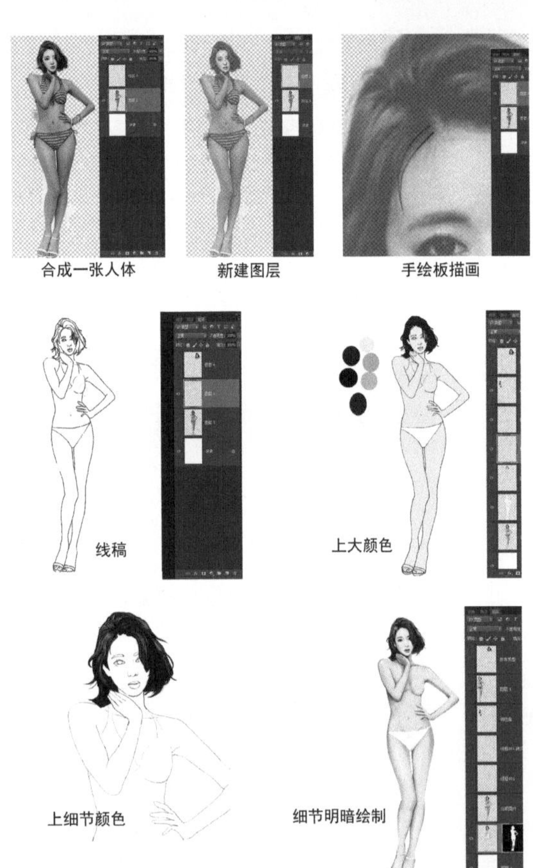

图 4-3-6　建立适合的人物形象（或从人体素材库选取）

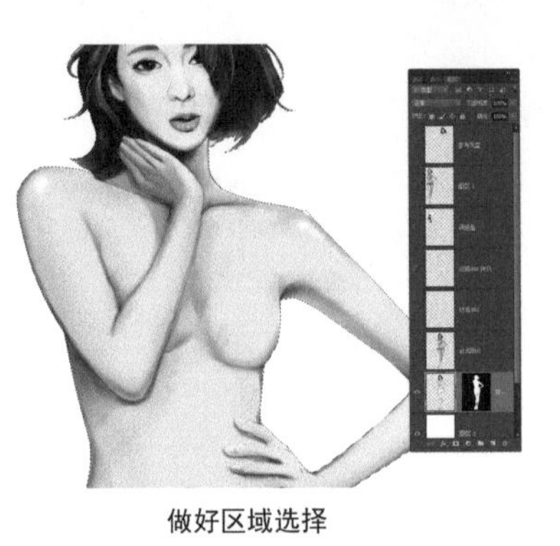

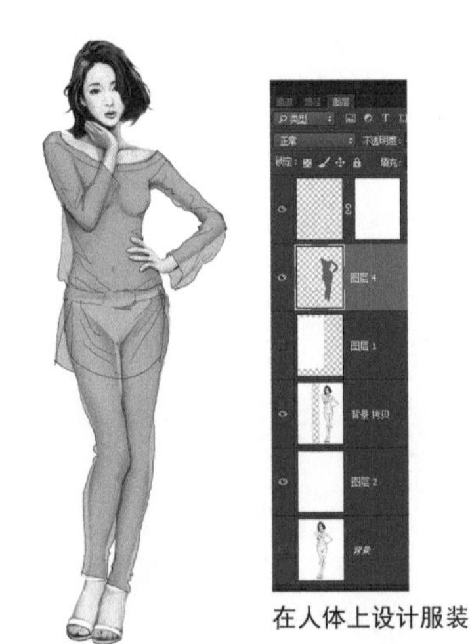

图 4-3-7　在人体上设计服装线稿

改再建一层设计。完成服装轮廓设计以后为服装每个部分填色块（如上衣、裤子、袖子等），单独保存，为了以后调整和填色方便。

(4) 第四步，绘制服装细节。色块调整，适当的地方加入高光和影调。置入相应的面料，注意要多试几种面料，为图层建组，方便选择最优设计；细节刻画，不断完善，这一步比较费时，需要耐心。

(5) 第五步，终稿调整，使用图像调整整体色调，细节处再次完善整理，最后保存。

数码设计绘制服装要求完整，即使被遮挡也要画完整，要有图层的观念，每个部分画完整，可以复制出来看到单件服装情况。与手绘不同，手绘是在一张纸上设计，遮挡了就没法画完整，不能全面展示单件服装，以及服装之间的搭配关系，如图 4-3-6 ~图 4-3-10 所示。

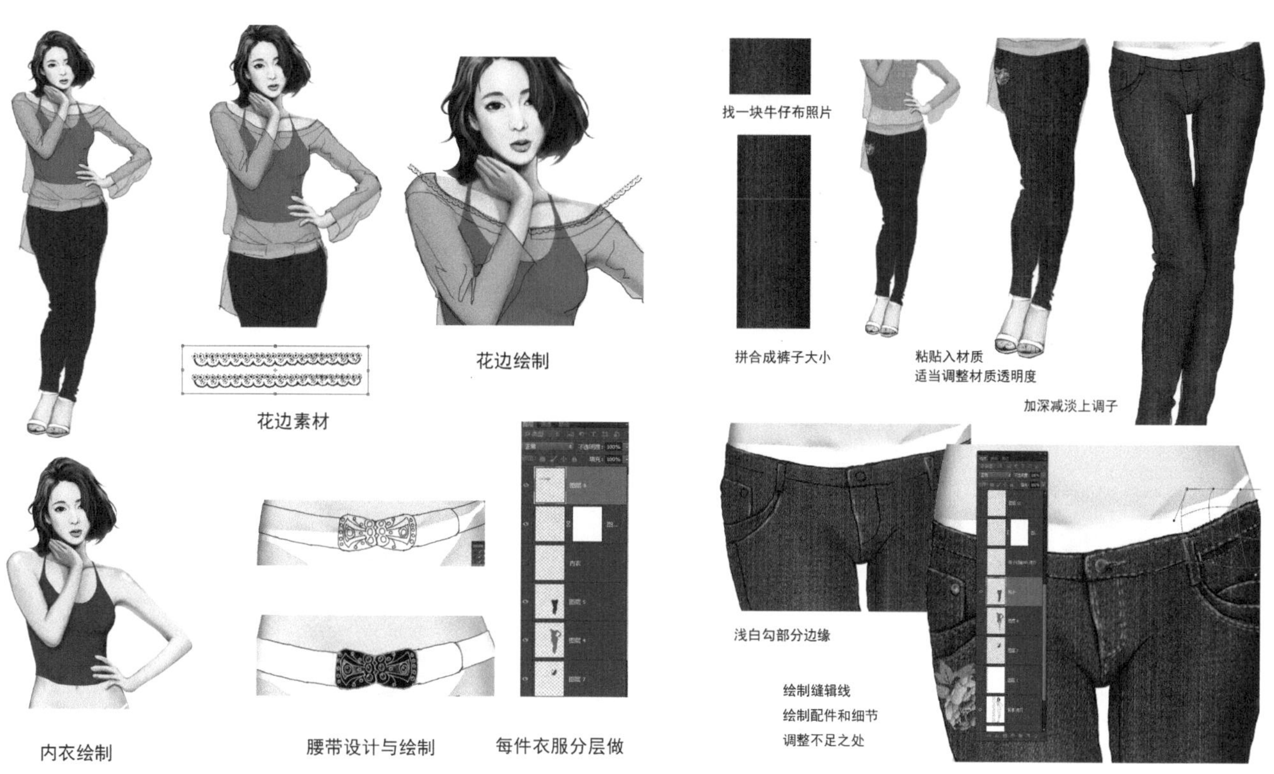

图 4-3-8 服装的细节设计与刻画

图 4-3-9 牛仔裤的设计

图 4-3-10 半透明印花材料的上衣设计

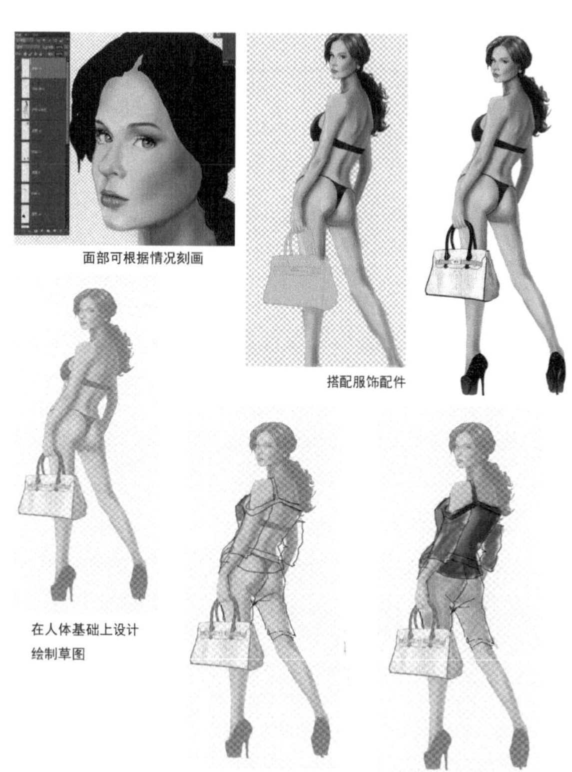

图 4-3-11 设计构思草图时可调淡人体模特图层

三、背部姿势女装设计（Ps 数位板）

背部设计是一个容易被忽视的部位，选择背部姿势，可以把设计的注意力放在容易被忽视的背部。

(1) 第一步，绘制一个背部视角的人体，在此基础上设计服装。

(2) 第二步，绘制设计草图，多建几个层组，一个人体可以有多个设计方案。

(3) 第三步，对确定下来的方案进行细节设计。该服装设计了不同颜色的薄纱面料做裙子部分，要像做衣服一样，一层层绘制每一片纱裙。调节每个图层透明度，形成层层叠叠的视觉效果。

图 4-3-12 反复设计

图 4-3-13 确定设计草图后进行正式稿刻画

(4) 第四步，最后调整色调和整理细节，保存文件。

精细的数码绘制耗时较长，需要图层编组和养成保存的习惯，宜使用内存较大的设备，以提高绘制速度，如图 4-3-11 ~图 4-3-13 所示。

四、毛衫男装

为了快速观察设计效果，可以使用真实人体图片。真实人体图片获得容易，先根据人体形态设计服装的廓形和分割，再设计色彩搭配和材料细节。

(1) 第一步，直接找一张男模照片略作处理，颜色和色调调整，可以使用描边工具为人物描边。

(2) 第二步，在人体上设计服装穿着层次和分割。

(3) 第三步，通过贴入，为每一个层次安排服装材料。

(4) 第四步，使用图像调整，调整每一种材料的色调。使用滤镜调整材质。

(5) 第五步，加入一定的光影效果，完成快速设计。

如图 4-3-14 ~图 4-3-17 所示。

五、婚纱设计（Ps 数位板）

借鉴各种艺术形式获得设计灵感，先画出人物细节，再接着一步步绘制所穿的衣服。仔细描绘人物细节，把握住艺术风格，这种把控可以从绘制人物延伸到设计服装，边画、边设计、边修改。

(1) 第一步，借鉴绘画艺术形式，绘制出相应风格的人物形象。

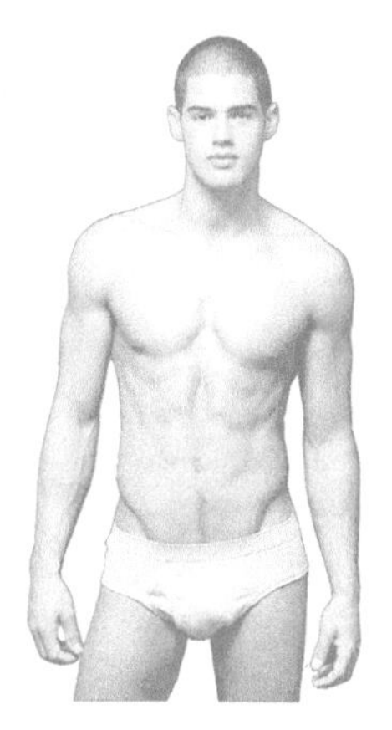
调低透明度

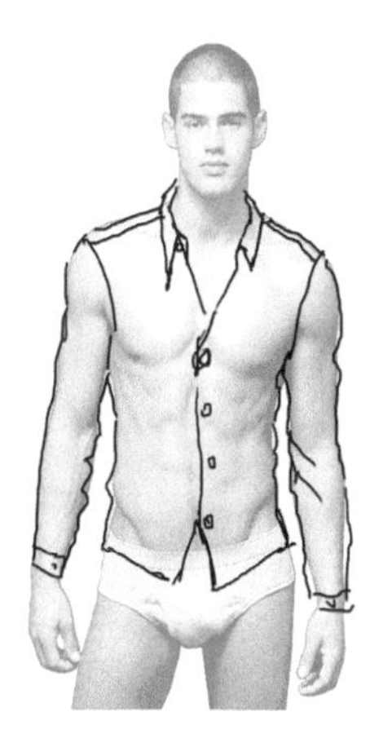
在人体上设计

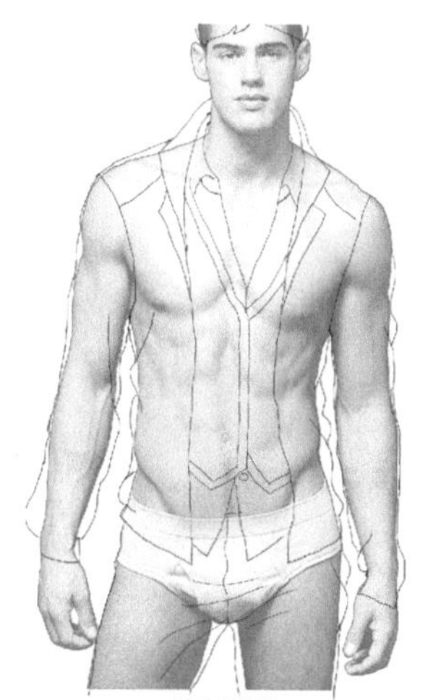
绘制线稿

廓形与搭配设计

细节分割设计

图 4-3-14　男装设计的分层、廓形和分割

分别建层

图 4-3-15 线稿和色彩对比设计

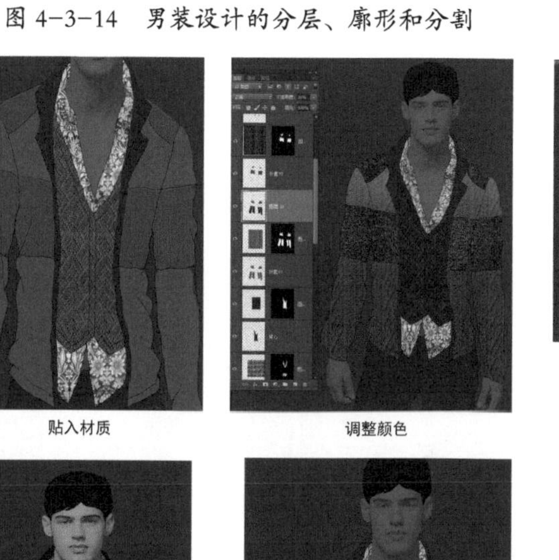

贴入材质

调整颜色

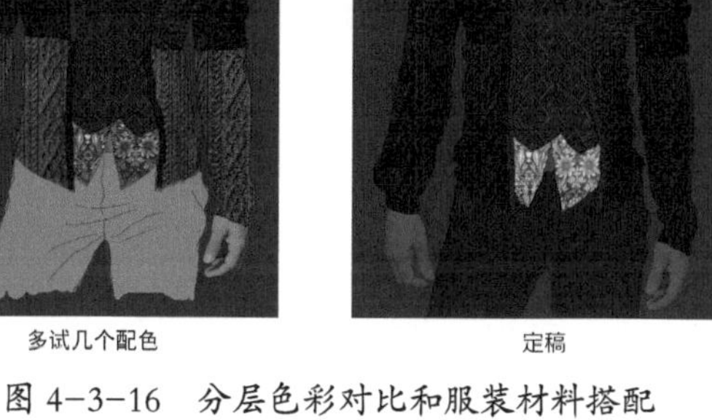
多试几个配色

定稿

图 4-3-16　分层色彩对比和服装材料搭配

图 4-3-17　加入影调效果

(2) 第二步，根据人物形象设计与之相搭配的服装。

(3) 第三步，由人物细节延伸到服装细节。

(4) 第四步，完成绘制，并进行整体调整。

如图4-3-18 ~图4-3-20所示。

克里姆特的画

学习大师的风格，脸部为大师另一幅画作参考

设计婚纱的轮廓造型

进一步设计婚纱

图 4-3-18 借鉴绘画艺术绘制人物和服装

在设计草图上边画边设计

不断调整

不时关掉草图观察效果

完成初步设计线稿

图 4-3-19 设计出服装廓形和细节

图 4-3-20 把效果图当作一幅画进行设计绘制

第四节　Ai 数码服装设计效果图案例

Ai 设计效果图多用鼠标完成，采取先块面后细节、先底色后分割的步骤，不建议像 Ps 数位板一样一开始就从头画到尾。

数码设计的正确方式是，每件服装都画完整，即使是穿在最里面的衣服。哪怕是设计一件很厚的外套，也需要画里面。因为在画每一层的时候是根据人体维度来描绘的，最里面贴体；越靠外，就一定比里面那一件要大一点，这样设计能够避免随心所欲地设计服装大小，使外面的服装走样，如图 4-4-1 所示。

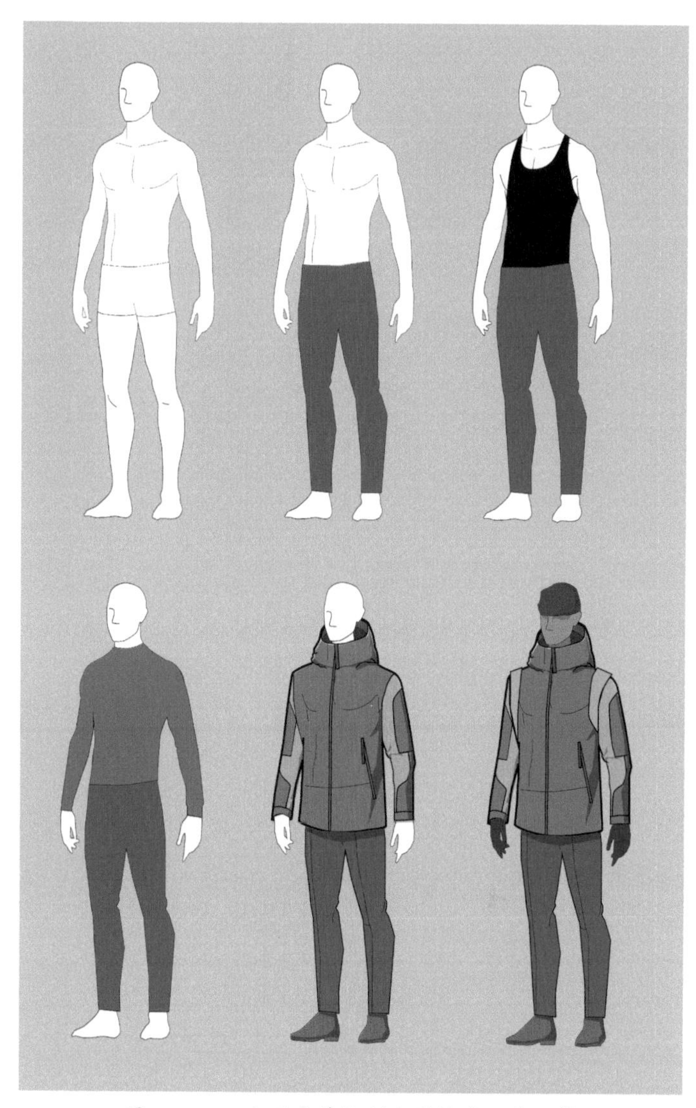

图 4-4-1　由里向外绘制和设计每一件服装

（一）内衣设计

(1) 第一步，新建 A4 纸张，准备人体，锁住人体层。

(2) 第二步，绘制内衣形状。使用圆形形状工具，使用路径查找器，剪出两圆相交的形状；使用渐变工具上色；注意形状与人体的关系。

(3) 第三步，绘制花边。使用形状与钢笔工具结合绘制花边。

(4) 第四步，绘制内衣带子。使用矩形形状工具，适当旋转，色彩使用渐变，体现面料反光效果。

(5) 第五步，白箭头调整不准确的地方，观察颜色后进行进一步调整。

色彩调整方面 Ai 不如 Ps，只能分块面设好颜色，根据观察再一块块调整，不能通过通道一起调整，整个过程的图示如图 4-4-2 ~ 图 4-4-5 所示。

（二）打底服装

内衣和打底衣服是最合体的服装，应该贴体设计。Ai 也有 Ps 滤镜相同的效果，可以制作面料纹理。

(1) 第一步，准备人体，使用钢笔绘制打底服装轮廓，绘制时考虑服装与人体之间的形态关系。

(2) 第二步，制作效果时可以多复制几层，使用效果－纹理－颗粒，调整颗粒样式。

(3) 第三步，调整层的透明度，与其他层结合。也可以用几层色彩颗粒，产生颗粒混合效果。

(4) 第四步，绘制细节。花边绘制时从简单的单元开始，然后复制。

(5) 第五步，绘制丝袜。使用混合工具绘制一

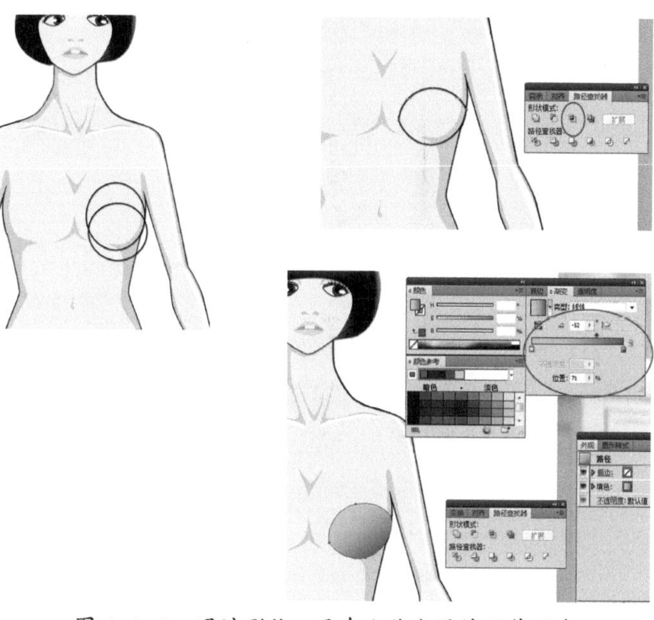

图 4-4-2　通过形状工具在人体上设计服装形态

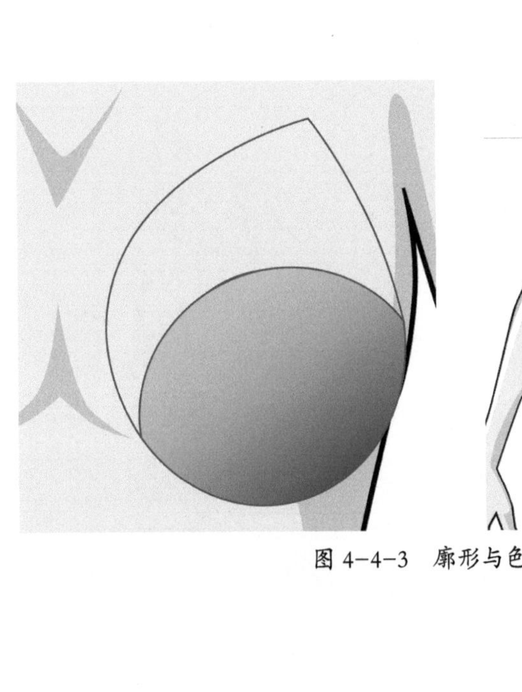
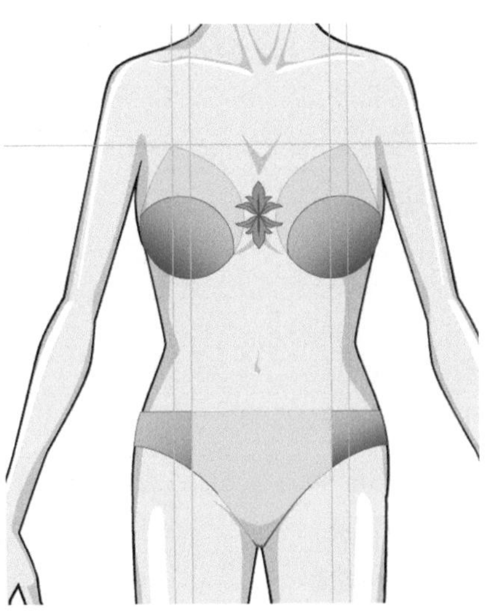

图 4-4-3 廓形与色彩设计

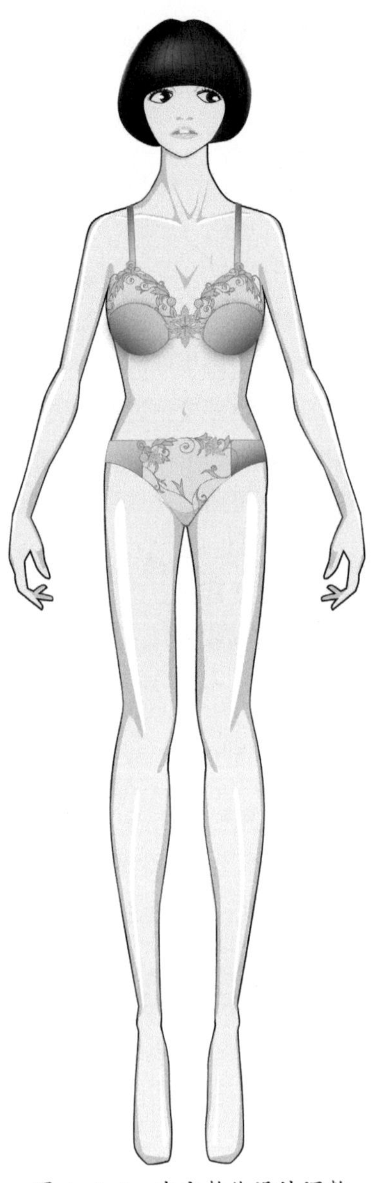

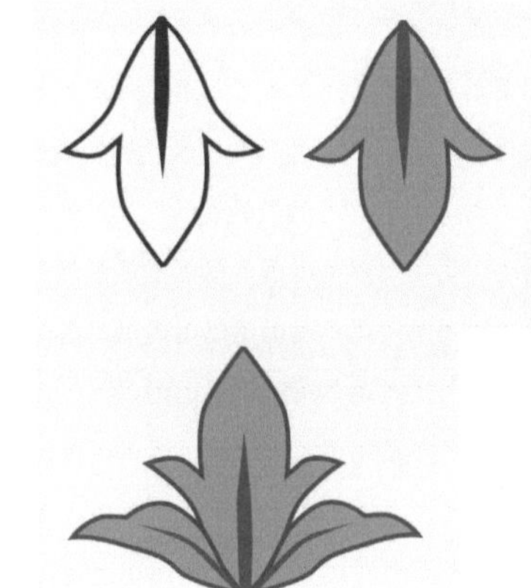

图 4-4-4 图形设计

图 4-4-5 内衣整体设计调整

排竖线，用对象－混合选项－步数，调整竖线之间的密度，大小与所绘制的裤子大小适合。复制竖排线旋转成横排，组合旋转成网格状，使用剪切蒙版完成绘制。

(6) 第六步，衬衣绘制。如果里面穿内衣，绘制靠外面一些的服装则需要使用层的透明，以便于观察内外衣之间的配合关系，绘制好以后可以根据设计要求再调整透明度。

如图 4-4-6 ~图 4-4-10 所示。

（三）毛领防寒服

防寒服装厚重宽大，属于离体较远的服装，需要先内衣后外衣的顺序完成，这样才能掌控外层服装的大小比例不至于失调。

(1) 第一步，准备适合的人体，锁住人体图层，新建图层开始设计。

(2) 第二步，用钢笔＋填色设计内层服装。

(3) 第三步，设计外层防寒服廓形，根据季节和流行情况设计绘制服装的廓形；基础颜色绘制。

(4) 第四步，绘制服装的款式细节，如分割线、缝辑线、口袋、纽扣等。

(5) 第五步，绘制服装衣纹、褶皱、厚度和明暗等效果。

(6) 第六步，使用晶格化工具绘制毛绒边的圆形，复制圆形组合成领型，使用路径查找器连接组合在一起，可以根据影调绘制几个不同色彩层次的组合。

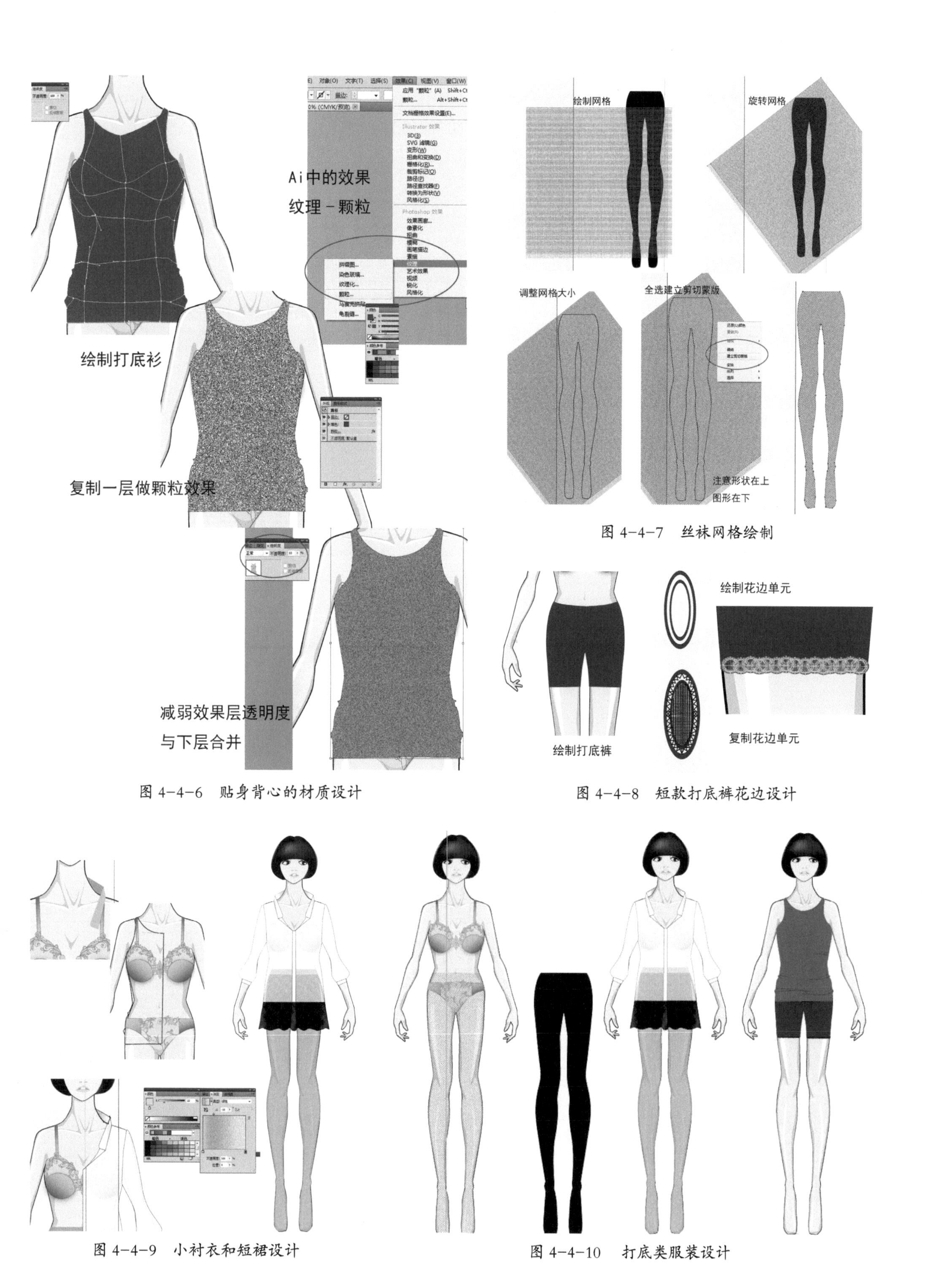

图 4-4-6　贴身背心的材质设计

图 4-4-7　丝袜网格绘制

图 4-4-8　短款打底裤花边设计

图 4-4-9　小衬衣和短裙设计

图 4-4-10　打底类服装设计

如图 4-4-11 ~图 4-4-14 所示。

（四）森女系服装设计

森女系服装是具有一定风格的服装设计，要求从廓形到色彩，从图形到细节的每一个设计元素都体现出田园小清新的设计主题。

(1) 第一步，准备人体，绘制草图。

(2) 第二步，设计服装外轮廓和色调。

(3) 第三步，为服装每个部位配色并赋予相应材质，面料的材质与单纯的色彩不同，有了各种花纹、图形和纹路的材质更能体现实际设计效果。

(4) 第四步，绘制服装形状、分割、长短、缝辑线、配件等细节。

(5) 第五步，绘制服装的影调、衣纹、褶皱等效果表现。

(6) 第六步，完成调整，对一些不完善的地方进行调整，保存，也可以导出成jpg格式，便于看图。

如图 4-4-15 ~图 4-4-19 所示。

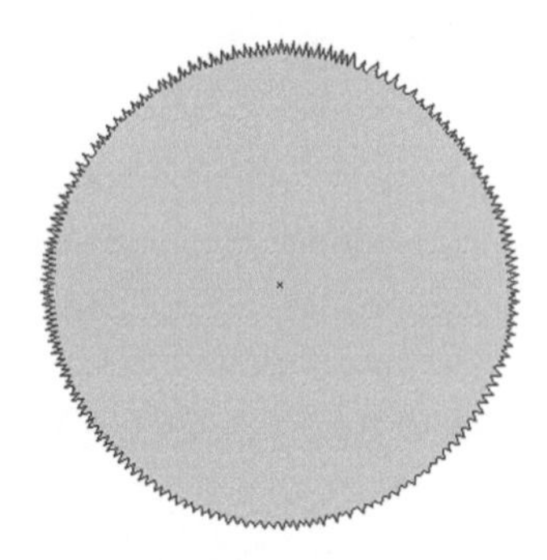

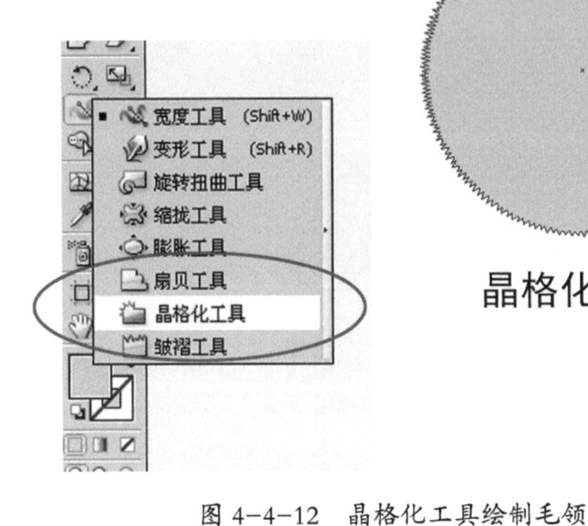

图 4-4-12　晶格化工具绘制毛领

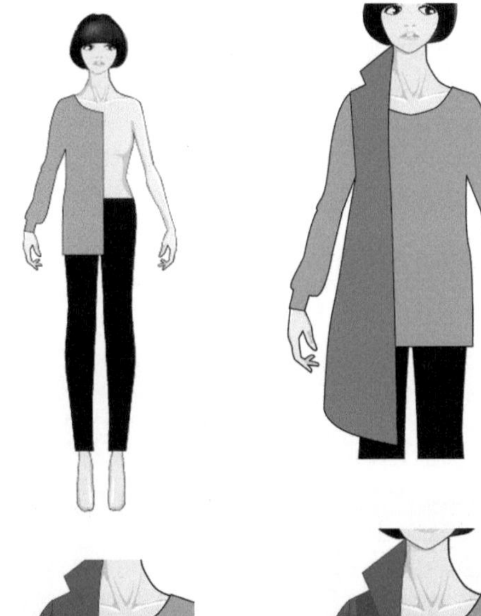

图 4-4-11　防寒服款式设计

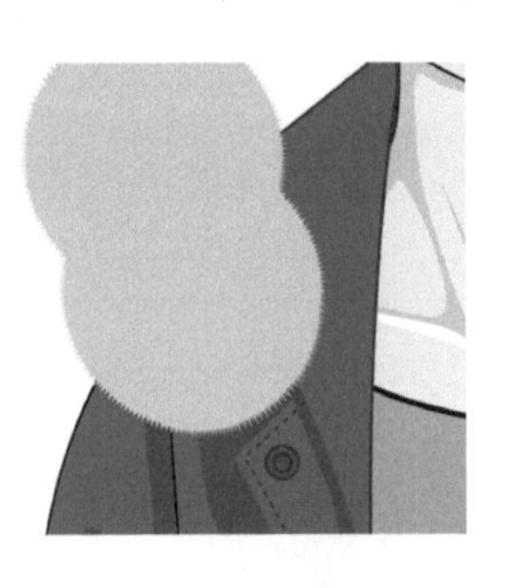

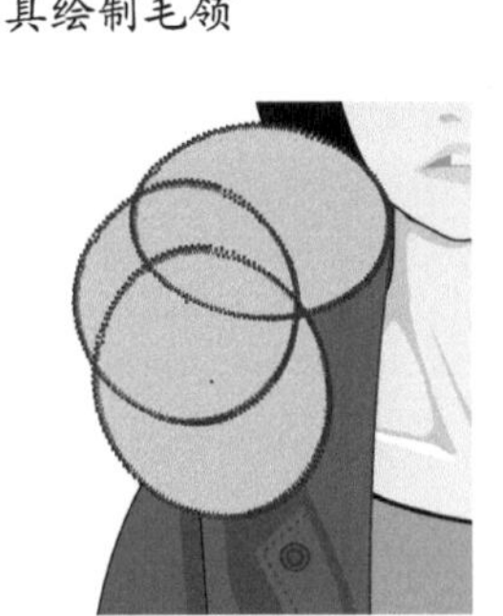

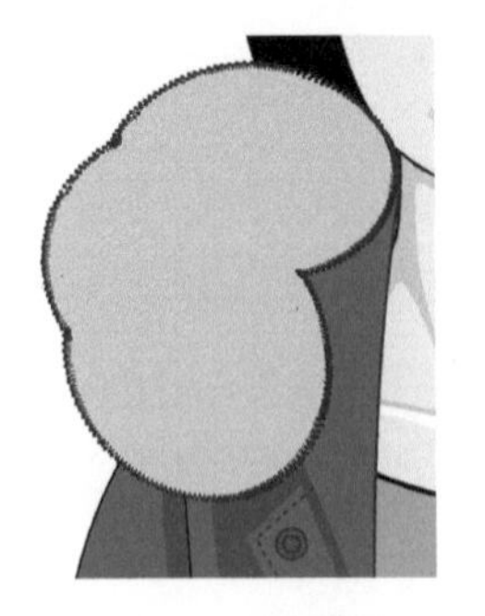

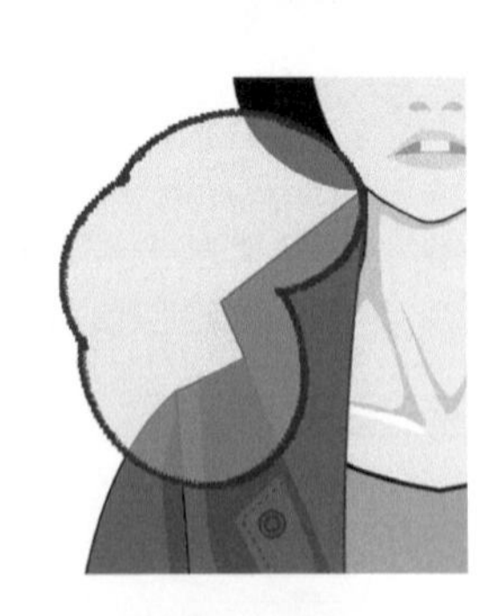

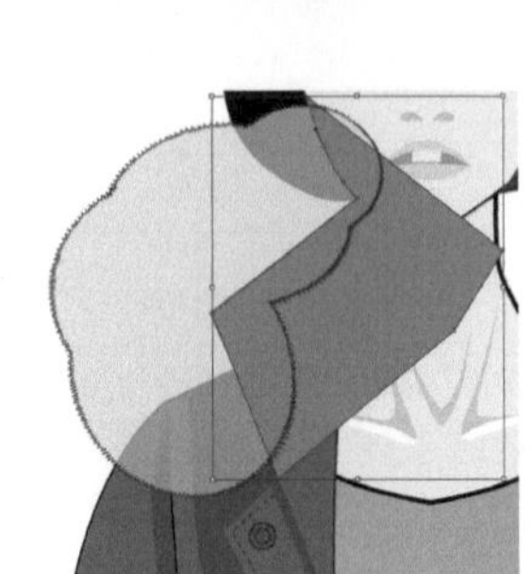

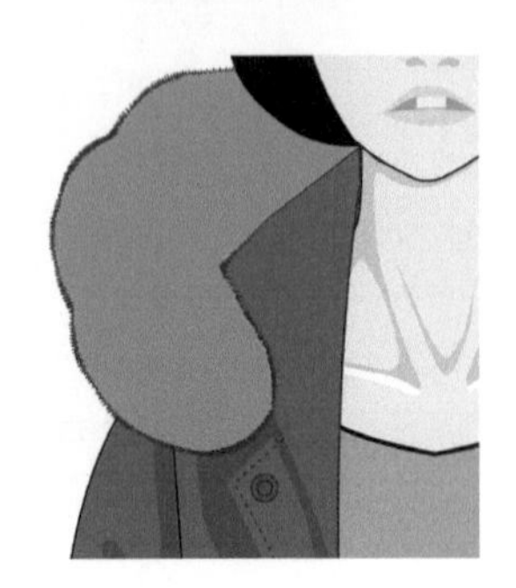

图 4-4-13　毛领的形状与位置设计

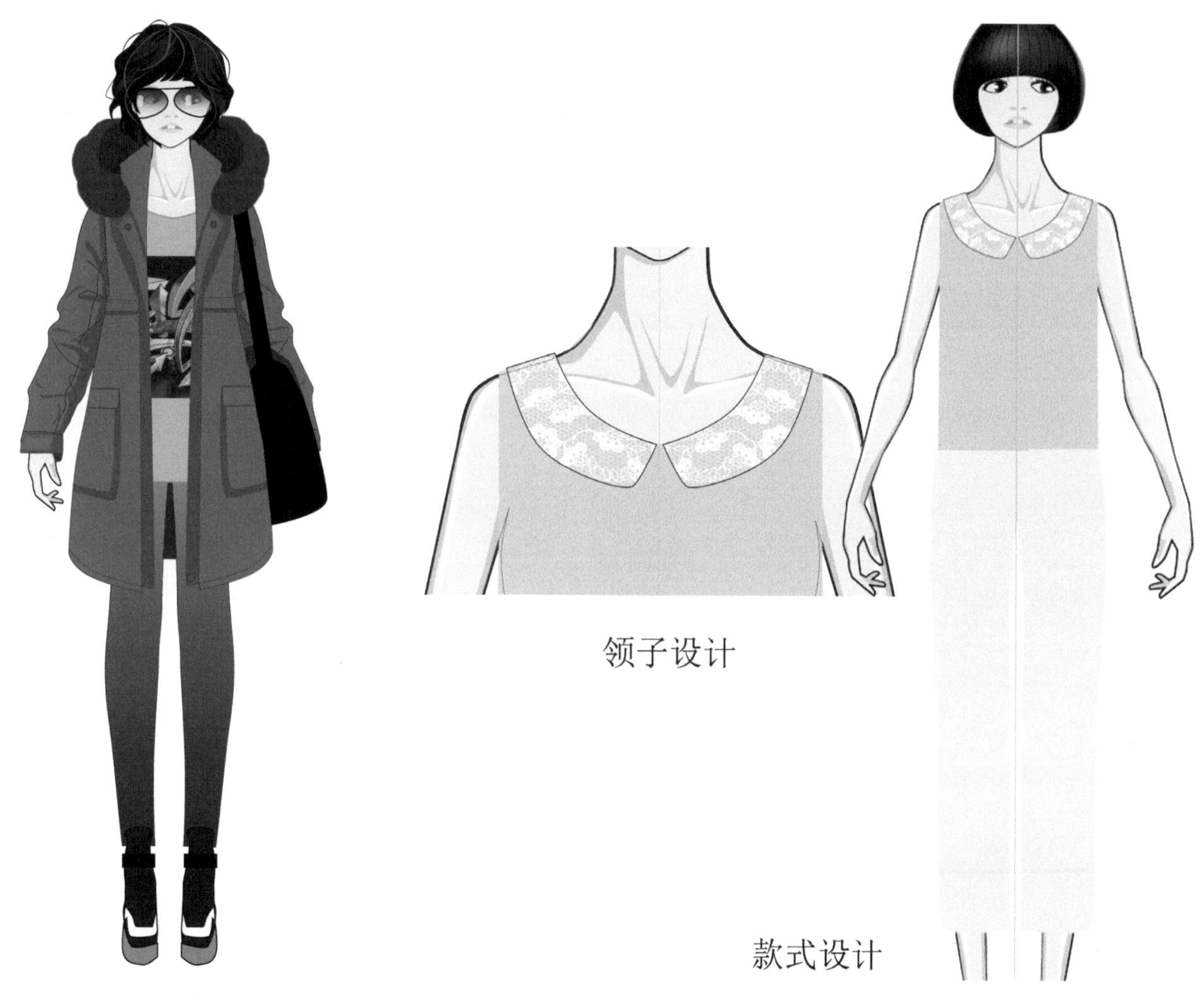

图 4-4-14　毛领防寒服整体效果图

图 4-4-15　摊领小衫设计

混合工具+透明画格子

蒙版剪出裤子形状

图 4-4-16　七分宽脚格子裤设计

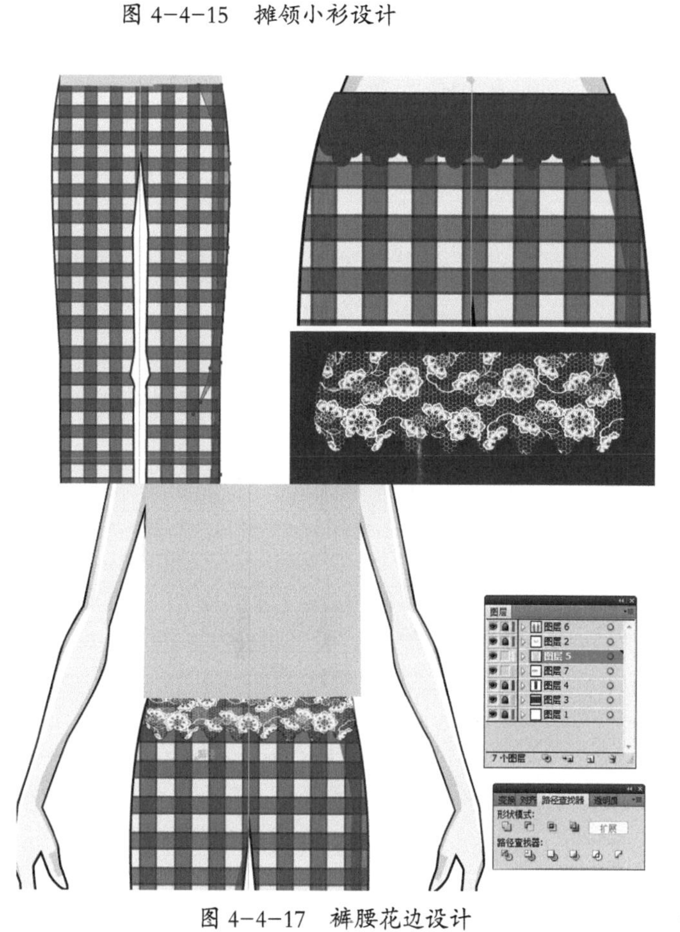

图 4-4-17　裤腰花边设计

图 4-4-18 其他部位设计

图 4-4-19 森女系服装服饰整体形象设

第五章

服装设计企划书绘制与表现

服装设计与制造的流程为市场调研>企划>设计>样品生产>订货会>制造方案>生产>物流>市场。广泛地讲，服装设计包括服装从市场需求开始，到成为商品被消费者购买，售后以及后续持续性购买等行为所经历的各种计划行为。简而言之，设计是产品营销的整体计划。

第一节 服装设计企划概述

企划是一种商业计划，是为了实现运营目标制订的商品设计与管理计划，服装设计企划是服装商品的一种设计方式，企划的存在使每个季节产品具有一定的市场竞争优势。

服装企业按季节有计划地推出系列产品，系列产品有较为庞大的数量，具有共同的风格，以整体的面貌出现在市场，在这样的体系中，顾客具有较大的选择范围，使系列产品针对目标客户在一段时间内具有较为稳定的市场话语权。

企划方案是整体定调，并不具体限定某一个细节，根据企划方案进行的服装面料和配件的准备，保证了该批次服装的整体性和完整性。

服装企划流程分为企划设计、实施和商品化三个阶段。服装企划是产品全过程控制（PLM 产品生命周期管理）的重要内容，能够更好地保证服装产品按照既定的要求得以完成。

一、企划与快时尚

"快时尚"企业每年生产的服装款式是一般企业的 3 ~ 4 倍，产品每周更替，货物售完不会再有重复款上架。时尚界商品周期短，新品到店速度快、变换快。一般"快时尚"通过时尚发布会及其他渠道搜集时尚信息进行整合企划设计，然后生产销售，整个周期约为 12 天，

快时尚商业模式需要一套操作性强的企划设计方案，每个环节紧密相连，互相支撑，形成一套快速、流畅、高效的产品运营模式。

二、企划与产品制造

根据企划方案进行产品具体化的制造，内容包括创意设计、结构设计、打样、样衣制作，该阶段主要内容是如何植入企划设计因子，在各环节中保证企划方案不偏离，在设计研发的同批次产品的差异化中，保持产品主体风格主脉的相对稳定。实施过程中，商品企划人员与设计师、买手三者间要进行很好的协调。数码软件是服装企划的重要手段，把企划方案可视化，为后续工作制作指导样本。

三、企划与商品化阶段

商品化阶段是使产品市场化的过程，包括服装搭配、系列风格划分、形象展示、订货会、客户指导订货、商品介绍手册、搭配指导手册、陈列与橱窗设定、网店营销计划等，需要各部门协调。商品结构制定，包括服装终端商品结构的形象款、基础款和潮流款等。形象款能展示品牌、树立品牌形象，由于设计特征明显，起到吸引顾客的作用。基础款是每年都卖的常规款式，要求保证服装质量，款式变化不大，较为稳定。潮流款迎合市场时尚热点，面对喜欢新奇的顾客，企划需根据历史销售记录分析目标客户数量，再调整本季节的商品结构比例。

四、企划与品牌

品牌犹如一面旗帜，显示了企业存在的状态。服装品牌的内涵包括企业文化、企业形象、产品个性、设计品位和服务水平，服装品牌的核心内涵是其所具备的一种被顾客所认同的价值。品牌企划包含对市场环境的了解、流行趋势的把握、目标市场的选定、品牌的理念与定位、服装产品的设计、品牌的营销与管理等。

了解品牌所代表的内涵，才能保证设计产品长期以某种相对稳定的状态存在于市场，让消费者逐渐熟悉，增强对品牌的认可程度，并产生信赖和忠诚度，成为品牌的支持者。品牌依靠产品长期的市场表现积淀下来，形成一种较为稳定的产品印象，有品质、风格、功能和人群等各种类型 ，一旦形成市场认可，不宜轻易改变产品设计策略。

企划对延续品牌在目标客户群中的良好形象具有积极作用。如果一个品牌风格频繁多变，则会降低喜爱该品牌客户的忠诚度。每个季节的服装企划是在前面企划的基础上延续，保证了企业大的风格基调具有清晰的走向，即使在受到流行趋势影响的情况下，也能够保持品牌风格具有较为稳定的方向，使品牌在市场上保持独树一帜的鲜明特色。

五、企划与目标市场

服装设计要清楚在为谁设计服装。目标市场定位一般可分为划分、评估、判断、定位四个阶段，是以目标顾客群体在关键要素上的一致性为依据，而非简单地以年龄、职业、收入等为依据，如教育状况、文化认同、社会阶层、社会心理、生活方式等。

服装市场定位需要对消费有更多更深入的了解，并在此基础上进行市场细分，做到设计的精准定位。

第二节　服装企划设计内容要素

服装设计企划是服装企划的一个组成部分，是针对一个批次的系列服装所做的整体设计方案，内容包括品牌内涵、目标市场、流行信息、风格设定、设计元素设定、服装设计等。

服装设计企划是研究流行趋势、调查服装市场、安排设计、开发产品的过程。可以分为五个步骤，既市场定位与目标市场分析、信息的采集与分析、下一季度的产品开发计划、下一季度的设计概念构思、系列产品的设计开发。设计人员根据信息搜集、流行趋势、品牌定位、风格特征、消费需求，在服装样式和生产工艺等多方面进行设计。

一、信息的采集与分析

服装设计不是凭空想象，是在已有相关信息的基础上进行的，服装设计信息包括企业的设计理念、产品风格、市场定位和销售业绩等。信息分析指的是针对产品的市场环境加以了解，并分析具体的市场状况，为准确的风格定位打下基础。采集到的信息往往是零散、无规律、片面的，须进行加工整理才能提炼并形成系统且有用的信息，为产品开发提供指导。信息分析的方法主要有以下几种。

1. 归类

对信息进行整理，把具有相同和相似特征的信息放在一起，以便找出共同特征和个性特征。

2. 筛选

选择信息中有用的部分，剔除无用的部分，以便在庞杂的信息中找出能够为设计服务的信息资料，提高工作效率。

3. 挖掘

对信息从社会发展、生活方式的变化、心理状态等方面进行综合的分析，找出规律性；也可以把信息要素进行拆分、重组，找出共性的规律。

服装企划需要的数据主要包括流行资讯、营销数据和市场数据，以及对社会整个经济状况的了解、分析等。营销数据的分析主要来源于终端店铺，对于上一季的销售数据，分析畅销品类和滞销品类。如服装面料的销售数据，哪些面料卖得好，哪些色彩卖得好。对于一些滞销的品类，也要有具体的数据分析。

市场数据包括对同类品牌及标杆品牌的相关数据进行调研情况。比如竞争品牌的价格带和品类等；标杆品牌主推什么颜色、面料，有哪些卖点，产品是什么风格等。

汇总的各类信息交商品企划部，由商品企划部牵头组织相关部门进行讨论，形成分析报告，制订产品生产设计计划书。

二、流行信息分析

流行信息是通过全面分析、总结流行现状和各种影响因素，并对主要的流行趋势和关键因素进行分析和准确的评估之后，对未来有影响力的和导向性的服饰形态、消费模式和市场状况所做出的定性和定量的预测资料。流行信息是服装企业进行品牌企划和产品开发的关键，每一季的产品企划都必须以流行信息为指导进行，在以往销售的基础上结合具体的流行趋势进行产品组合和企划。

流行信息是一个整体的概念，是各方面要素的综合体现，因此要在准确把握流行要素的基础之上深入分析不同要素之间的关系，才能真正反映未来的流行趋势。要在各种流行资讯中找出适合于本次设计任务的信息，须了解之前的流行趋势特征、流行动态，在此基础上找出关键要素，为自己的设计做好准备，如图 5-2-1、图 5-2-2 所示。

三、设计内容的 11 个要素

设计要素来源于流行要素分析。流行是与生活方式、意识形态、文化思潮等息息相关的社会现象。流行服饰不仅包含一定时期内大多数人喜欢的色彩、面料或款式风格，还包括总体品位上的时代感和创新感。设计要素包括造型要素、人物要素、色彩要素、图形要素、材料要素、结构要素、工艺要素、细节要素、搭配要素、风格要素和功能要素。

川久保玲搜集与中东战争相关的图片信息和实物资料，以战争和环境为主进行分类和分析，找出服装设计所需要的设计元素，其设计要素围绕中东战争主题，色调选择了士兵服装和中东自然环境，用纱质材料表现战争烟尘，穿插具有地域特色的帐篷和毛毯元素，造型款式上既有民族服饰的宽大，也有军旅服装的严谨，给人一种全新的视觉享受，如图 5-2-3 所示。

（一）造型要素

造型是服装的样式和轮廓，是服装的立体形象。造型是服装构成中最基本、最主要的因素，反映了服饰流行的最本质特征，确定轮廓是服装设计的第一步，是后续工作的基础。造型需要从整体上认识服装，具体的款式细节最终形成一个整体的服装外观。设计大师迪奥曾发布强调胸部和腰部造型的款式，因其外形酷似郁金香，故命名为“Tulip line”。收腰服装廓形如图 5-2-4 所示。

（二）人物要素

服装是为某一类人群而设计的，虽然人们有着不同的个性，但在某一方面又存在着共同特征。人物要素包括人们的生活方式、生活习惯、生活环境、行为习惯、情感特征和兴趣爱好等方面，是服装设计的最终目标群体。例如中产阶级女性，发型随意，使用舒适温馨的家具，欣赏花卉，有着田园趣味的杂物。通过整体图片信息，人群的形象特征更加具体，设计的思路也更加明确。好的设计需要贴近设计目标来体现企划方案，如图 5-2-5 所示。

图 5-2-1 网绳主题的国际服装流行趋势

图 5-2-2　根据流行趋势开发的服装

图 5-2-3　川久保玲战争元素服装设计

图 5-2-4 收腰廓形

（三）色彩要素

色彩是服装中最具活力的设计要素，是消费者对服装的第一反应。企划设计常常围绕一个色彩主题，设计人员可以根据色彩的基本概念和知觉，分别对服装色组进行提取，每一色组至少包含 6 个色彩，既有主色也有配色。

色彩主题不一定有文字名称，有些时候文字不能完全表达出色彩的感觉。例如一个整体上有些陈旧的色彩环境，但用“陈旧”这个词也很难具体描述这个色彩环境的陈旧程度。因而，色彩主题应该表现为一个具体的可视化的色彩环境，用平面彩色图片展示出来，进而再从中提取出色彩元素，如图 5-2-6、图 5-2-7 所示。

（四）图形要素

服装图形包括面料的肌理和图案以及不同面料组成的形状和色块。

图形具有装饰美化、充实内容的作用，能增添服装的审美情趣和文化内涵，图形的选择应该与服装的风格保持一致，图形的大小或层次应该能够更好地展现设计主题。一些服装以图形装饰为设计重点，别的服装图形为辅，只在局

图 5-2-5　人物要素与服装设计企划

图 5-2-6　具有陈旧感觉的色彩要素

图 5-2-7　印象派绘画与服装色彩要素

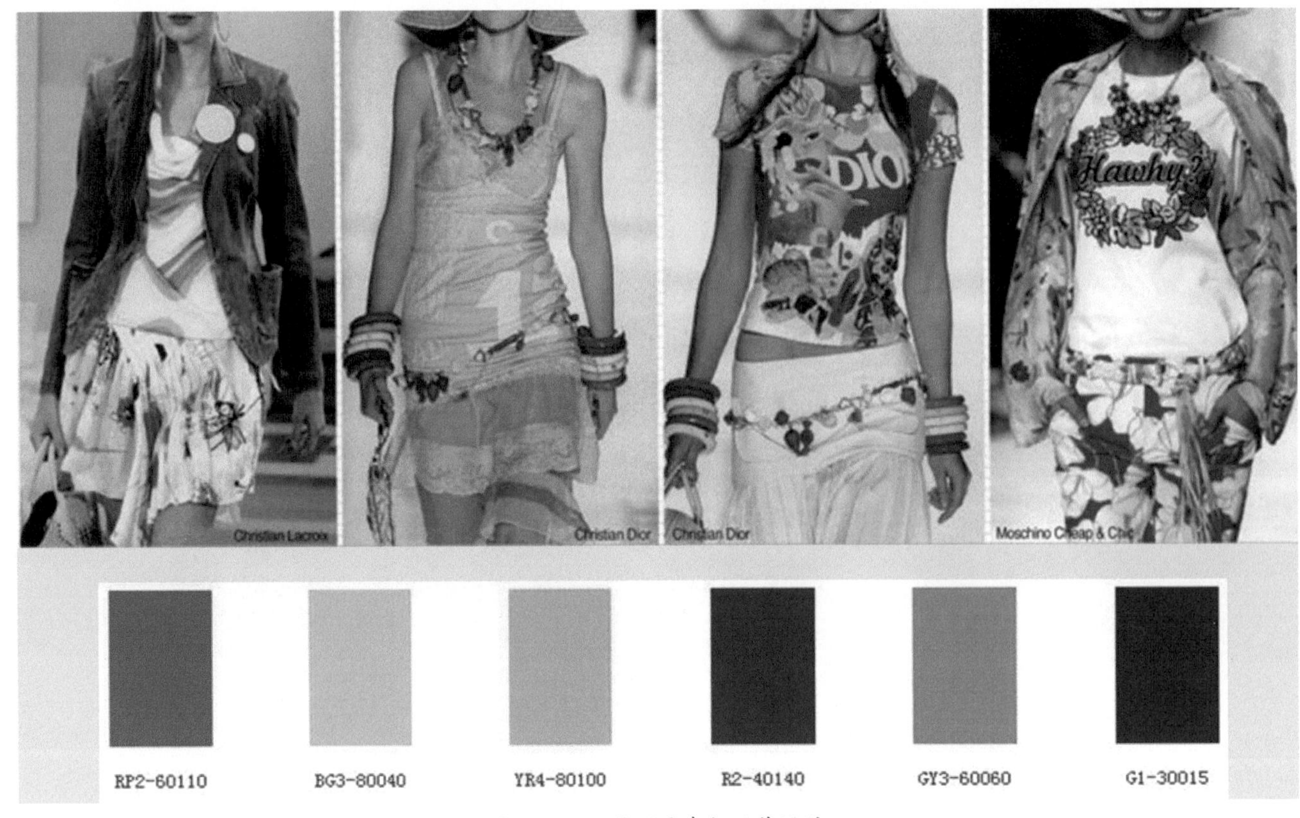

图 5-2-8 图形要素与服装设计

部起到点缀和装饰作用。

图形设计要与服装造型与色彩相协调，图形在服装的哪个部位出现最合适？图形应该选择哪些颜色？这些都是设计图形要素必须考虑的问题。迪奥公司的系列服装设计，整个系列因具象和抽象的图形变得靓丽多彩，由于把握住了整体的色组，使得系列服装缤纷而不杂乱，如图 5-2-8 所示。

（五）材料要素

服装材料是指服装的面料、辅料、里料和装饰件等的总称，材料的纤维、质地、肌理特征、手感、外观、光泽、透光感、垂感、图形、色彩等共同影响着整体设计企划。

服装设计需要学会选择适合的服装材料，各种材料之间需要达成协调统一，如面料与辅料、面料与装饰件等之间的风格相协调，同时更要注意设计风格与面料风格的协调性。

服装材料中除了主要展现在外部的面料，还包括里料、衬料、填充材料、缝纫线、扣紧材料、装饰材料等服装辅料，因其所处的部位不同，辅料的作用和强调的重点也不同，如里料主要强调功能，而装饰材料则主要强调美观。根据服装企划主题设计需求选择面料，如图 5-2-9 所示。

图 5-2-9 童话古典主题的材料要素

（六）结构要素

结构设计作为服装工程的重要组成部分，既是款式造型设计的延伸和发展，又是工艺设计的准备和基础，同样一个款式造型可能有多种结构构成形式。

结构设计的关键是板型，在设计阶段考虑结构的合理性十分重要，在哪些部位进行分割，服装的长短、肥瘦、具体板型，都需要前期规划。服装最终要穿着于人体，因此，前期的结构设计应该在绘制效果图时就有所涉及，好的效果图能够表明服装的结构特征和尺寸特征。比如肩部的宽窄、肩形，领子的形状。人体效果图比款式图更能够体现服装各部位结构在人体上的具体位置，以及里外、上下服装之间的尺寸配合关系。

（七）工艺要素

服装工艺制作不仅仅是缝制，也需要设计和规划。加工服装并不是简单地将衣片进行缝合的过程，而是将衣片的合成变得更加合理、更美观、更具新鲜感的过程，优良的工艺设计可以使服装更具美感。

企划案的服装风格和造型也需要工艺来实现，比如要实现领子的挺括，需要配合相应的领衬；要实现服装胸部造型，需要垫适合的胸衬。

（八）细节要素

服装的细节使服装更加精美，细节设计的部位要根据服装整体来确定，如省道、褶缝、腰线、裙摆、口袋、腰带、绣花、缝迹、纽扣、垫肩、褶边、蝴蝶结等。领口到胸部、腰部和服装的边缘处是细节装饰的重点。细节处理的方法千变万化，几乎所有的工艺手段都可以用上。细节的形态要做到与整体风格服装相协调。

（九）搭配要素

服装搭配是服装与服装、服装与配件之间的搭配，服装之间的搭配是上装与下装、外衣和内衣以及系列服装之间的配合关系。服装在搭配中体现出更多的变化和风格，能增强服装的表现力。服装搭配要考虑面料、造型、风格、配件之间的搭配，形成整体的艺术性和形象性，服装配件包括鞋袜、手袋、腰饰、手套、帽子、围巾、眼镜、首饰等，如图 5-2-10 所示。

（十）风格要素

服装设计的每一个元素都是体现服装风格的载体，风格是观念和形式的表达，是对风尚的诠释，代表着一种生活方式，风格也是服装

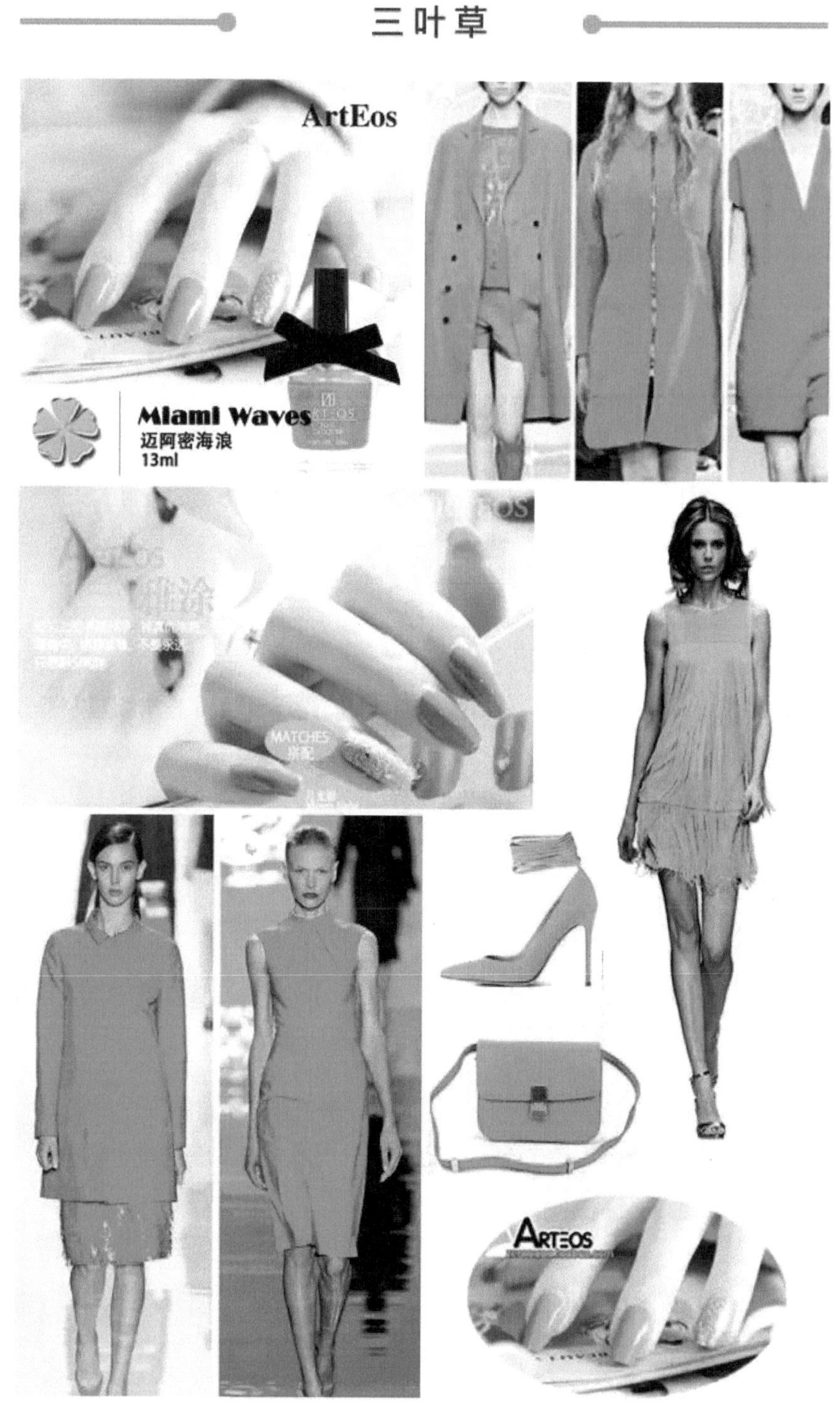

图 5-2-10　三叶草主题的搭配设计

品牌或产品的形象，能够将一种抽象的概念转化为生动的形式，从而被感知和识别。

具有一定风格的服装更容易给人留下总体印象。比如我们熟悉的一个人出现在视野，我们瞬间就会认出他，不用花时间识别他的五官、体型等具体特征。有时候我们还会很快观察到这个人是否疲惫、是否有活力以及严谨、喜悦等抽象的情感特征。服装要素就像人的具体细节，这些具体要素构成了整体的服装特征，反之，服装的风格特征则是每一个要素共同营造的整体。

服装的风格类型众多，将具有共同特征的服装进行归类，会分成一些风格，如前卫风格、古典风格、乡村风格、都市风格、男性化风格、女性化风格、优雅风格、休闲风格等。服装的风格也可以描述成男性感、女性感、娇嫩感、稚气感、青春感、成熟感、老成感、活泼感、严肃感、庄重感、权威感、整齐感、清洁感、信任感、安全感、亲切感、温暖感、凉情感、古朴感、现代感、流行感等。在每一个具体的风格中，调整细节元素，能在保证整体风格不变的情况下，产生出不同的个体特征。

（十一）功能要素

服装的功能设计是为了改善或增加服装的使用功能而做的一种设计，如改善保温性、透气性、耐磨性、方便性、舒适性等。功能要素要从人们穿着服装的具体状况出发，考虑服装穿在身体上与穿脱时的方便性。功能化的设计也体现在穿着过程中，可以调节的设计，增加服装的使用功能。

第三节　企划书设计定位

设计定位是根据市场反馈的信息、客户需求和市场调研等内容，结合本企业品牌风格、目标市场等做出的本季节批次产品的精准设计计划。

一、根据现有服装材料定位

材料（面料、里料和辅料）是服装设计的重要因素，理想状态下，设计师可以先进行设计定位再根据要求制作材料，也可以与材料供应商一起商讨材料的开发，从而使服装设计更加容易掌控。但是在现实环境中，有实力连同材料一起开发的设计师与企业并不多，国内服装设计的现状是根据市场上销售的面料进行设计，这无疑给设计带来了一定的难度。

在材料供应商与设计开发脱节的情况下，材料就需要放在整个设计环节的前端。设计人员需要具有选择材料的能力，在接触材料的同时在脑中初步形成这个材料做出服装的大致样式，并根据初步设想搭配纽扣、拉链等辅料，其中关键是选择的眼光和经验，选对材料，设计会事半功倍。仅仅依靠设计人员不能确保选择的合理性，因此还需要进行前期的设计企划，做好主题和风格的定位。根据企划主题选择材料。

材料选择涉及内容很多，包括质量、性能、价位、触感、组织、色彩和视觉效果，选择中需关注以下几点。

1. 根据市场热点选择材料

设计的目标是追求效益，紧跟热点会使服装商品有好的收益，比如一段时间内大家喜欢买美国乡村风格的棉质衬衫，最好在大类上选择棉类方格面料做衬衫，细微处可以根据设计师喜好再细选，比如选薄的小格面料，体现出较为柔和的效果。

2. 根据品牌风格选择材料

为了避免同质化现象，锁定消费群，各企业在风格上都会有相对的独特性，并在一段时间中保持风格不变。根据企业独特的风格在市场上筛选，选择中要做到心中有数，这个数就是以往本企业曾经做过的风格，作为本次选择的参考。理想状态是联系几个稳定的供货商，彼此了解需求，保证长期合作关系，使风格能够稳定下来。

3. 根据商品档次选择材料

最好的不一定是最合适的。各方面性能优越的材料，价位也会高一些。因为价位低，一些定位在中低档次的服装，款式变化快，穿着一两季就可以舍弃，拥有更大的市场。而高档服装消费者则希望穿着时间长久一些，要求款式变化不大，消费人群相对小。因此在选择中，要结合服装的档次搭配各种材料，根据产品的档次选择合适的材料。比如价位相对较高的真皮面料，搭配廉价的拉链显然是不合适的。

4. 根据服装搭配选择材料

企业推出系列服装，在上衣下衣、外衣内衣的搭配上以视觉效果为重，包括色调、调性和质地。同一材质搭配具有统一性，不同材质的搭配更具变化，能充分体现出材料之间的对比与调和的关系。选择过程中要带着搭配的眼光选择，需要设计师具有较好的视觉感觉和时尚审美感。

5. 根据色彩选择材料

生活类服装款式相对稳定，重在色彩搭配，一季推出的系列服装产品在色彩上也有着共同的风格调性。选择材料应从色彩组合搭配方面来考虑，内外搭配、上下搭配等，如果是系列产品则考虑色彩所形成的氛围，如图 5-3-1 所示。

二、根据流行趋势定位

每年国际和不同地区都会与权威机构发布各类流行趋势预测，如国际流行色委员会、Fashion Snoops、WGSN 等，以及行业的流行趋势提供机构。国际流行色委员会 (International Commission for Color in Fashion and Textiles) 是国际色彩趋势方面的权威机构，影响世界服装与纺织面料流行颜色。每年召开 2 次色彩专家会议，制定并推出春夏季与秋冬季的男、女装四组国际流行色卡，并提出流行色主题的色彩灵感与情调，为服装与面料流行的色彩设计提供参考。

每年流行趋势的颁布在一定程度上影响着时尚界，是世界范围时尚潮流的风向标。如果不去关注，脱离主流趋势自己搞一套，容易出现产品与市场格格不入的风险。当然也有个性的设计因为特别的际遇会脱颖而出，但这种不按常理出牌的经营理念，风险往往大于收益。更多的企业一般选择较为稳健的经营模式，参考国际、国内、地区、行业的流行资讯，结合自身品牌产品的特点和品牌文化，为自己每个季节的产品进行设计定位。

色彩流行方面有《国际色彩权威》、色谱《cherou》《巴黎纺织之声》等杂志，每年分春秋两次预报第二年春夏季、秋冬季的流行色。流行色不是一种颜色，而是色彩组合和色彩系列，对设计者进行设计定位具有参考意义，如图 5-3-2 所示。

图 5-3-1　怀旧系列面料定位

图 5-3-2　服装流行预测——缥渺失乐园

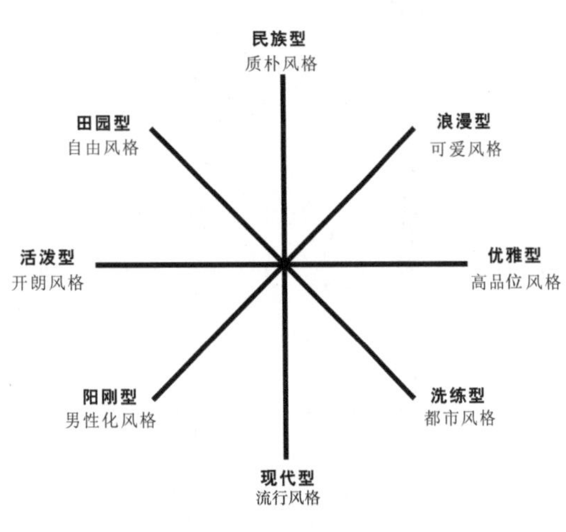

图 5-3-3　经典风格定位图

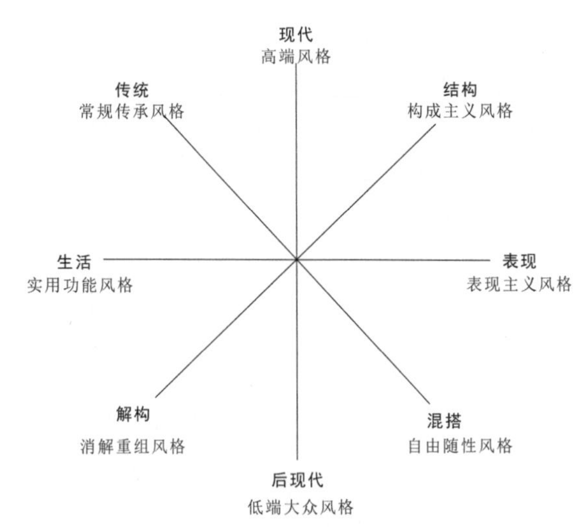

图 5-3-4　根据不同设计需要设定的风格雷达图

三、主题与风格定位

（一）服装风格定位

商业中的服装风格指服装在形式上所显示出来的价值取向、品格和特色。服装风格是服装精神属性的一种诠释，是服装的特质、象征意义给顾客带来的消费体验，并将其整合成一个完整的体系，从而派生出与其风格相符合的系列产品。

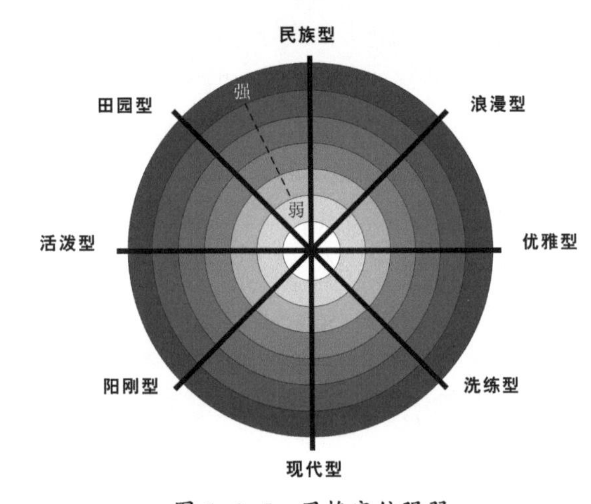

图 5-3-5　风格定位强弱

风格可以用“优雅的－休闲的”“前卫的－古典的”“都市的－乡村的”“女性化的－男性化的”等有差量的词汇加以描述和界定。两个意义相反的词汇之间列上一些标度，选择代表风格的某一点，在此基础上做成雷达图进行描述，使不容易把握的抽象风格可视化，便于较好地掌控设计风格，如图 5-3-3 ～图 5-3-5 所示。

风格定位不是一个点，而是一个区域，有主要的风格方向，也会少许包含其他风格，即有主次之分，这样才能使服装设计更加丰富饱满。

（二）服装风格类型

（1）按人物身份及特征分为名媛、淑女、公主、森女、熟女、轻熟女、学生、小清新、中性、嘻哈、潮人、萝莉、甜美、可爱、大叔、宅男等。

（2）按用途分为通勤、街头、摇滚、OL（办公女士）、上班族等。

（3）按地域分为中国风、日韩风、英伦风、欧美风、拉美风、非洲风、波西米亚、东亚、地中海等。

（4）按场景分为田园、学院、航海、公路、酒吧、夜店等。

（5）按搭配分为极简、简约、百搭、混搭等。

（6）按时代分为未来、20 世纪 30 年代、20 世纪 80 年代、唐装、哥特、复古等。

（7）按情调分为怀旧、文艺、优雅、性感等。

（8）按艺术流派分为现代、后现代、极简、解构、波普等。

服装风格类型多样，有更迭交替，有出现与消失，服装风格随时代的改变而不断地变化、随着新的风尚热点的产生、人们希望把自己打扮成一种样子，或者根据传媒所见之流行资讯打扮自己，并根据这种需求去购买服装。在各种风格类型中以人物分类最为丰富，由此可见服装服务于各类人群，不同类型的人对服装有不同的诉求，是服装设计的重点，如图 5-3-6 所示。

（三）风格定位案例——哥特风格

服装视觉风格由相应的视觉元素共同组成，有统一的风格调性。这些视觉元素放在一起，让人感受到风格所形成

图 5-3-6　不同类型的服装风格

图 5-3-7　哥特元素构成的传统哥特风格椅子

的视觉氛围。风格不单指服装，在各个领域的视觉媒介中形成社会共识，成为一种被普遍认知的形式，其规则在一定程度上被限定和遵守。以下以哥特风格为例，了解风格的特征，如图 5-3-7 所示。

时尚风格与书面经典的风格往往有很大的区别，教科书所阐释的条目与现实时尚往往因时代而产生差异。

如图 5-3-8、图 5-3-9 所示，哥特式服装，在服装方面结合各种风格又形成了酷帅哥特、病态哥特、情色哥特、萝莉哥特（Gothic Lolita）和重金属哥特等分支。

服装设计须遵守风格所限定的语境，犹如一篇文章，自始至终表述风格需要统一，同时也需要对风格较为准确地理解，就是以当前被普遍认可的形式把握风格，而不是以被定义的传统形式去把握，更不能想当然地自我把握。一种风格被定义以后，内涵也会随着时代的变迁发生改变，要做到准确理解当前风格，需要在实际生活中更多地关注对受众影响较大的传媒资讯，包括影视、网络、文艺、书刊、商品、艺术等媒介，从中感受风尚热点，形成对各类风格的认识。

（四）企划主题

主题是在选定了一种风格以后，为本次推出的系列服装所起的名字。主题封面由视觉形象、名称和副标题组成，是整个系列设计的风貌概括，定下后续设计的调子。

1. 视觉形象

服装属于视觉范畴，主题以视觉形象展现，有助于观者理解主题所表达的风格。视觉形象类型不限，通常以照片的形式表现，有时也会用到绘画的形式。视觉形象根据所展现

图 5-3-8　影视作品形成的哥特风格

图 5-3-9 融入可爱元素的罗莉哥特风格服装

的主题内容涉及人物、景色、抽象图形、色块等，一般以 1 ~ 2 个元素作为主体构成。

2. 主题名称

每一次服装成衣的推出，都会确定一个主题，主题的命名应贴切且富有时代感，让人看到设计主题就能想到设计师的设计理念和所提倡的生活方式。每一个设计元素在主题的基础上展开。主题名称是设计企划的重点，是企划设计的灵魂，需要能够很好地概括主题内容，又具有鲜明的个性特征。大雅或大俗、直白或隐晦、严谨或顽皮，能够代表性地说明设计要点和风格，同时也给人留下较为深刻的印象，需要花时间认真考量。例如，城市户外、轮廓、向米罗致敬、永恒空间、花香之旅、仲夏之舞、急速奔跑、通向美术馆的路、回归自然、勾勒记忆、玩味甜心、DNA、隐喻、夏的开场白、雅致玫瑰等。

3. 副标题

副标题是对本次系列的描述性文字，需要简洁明了的文字表述服装系列的实际信息，主要内容包括时间、季节和服装品类等，如“2017/2018 秋冬服装企划”，便于使用者了解本次系列的概况。副标题根据使用情况，有时并不出现在企划封面中，如主题封面作为形象宣传时，可以只出现视觉形象和主题名称，如图 5-3-10 所示。

图 5-3-10 蒸汽朋克与哥特风格结合的重金属哥特主题封面

主题封面制作流程为 确定主题→搜集视觉元素→封面制作（Ps 粘贴、图层、橡皮、色调）。

四、故事墙定位

故事墙也称灵感墙、灵感源。灵感偏个性，故事偏沟通。设计不是一个人的工作，需要各个环节团体配合，故事墙传达企划者设计理念，便于他人理解，利于团队沟通与交流，统一设计各个环节思想，有利于设计管理。

视觉设计不同于文字，其

表述也不一定要一个完整的故事，而是在一个画面中传达一个形式，这个视觉的形式由若干个视觉元素组成。

如同讲故事一样，故事墙目的在于信息的传达，故事墙中的构成元素围绕一个风格展开，指向清晰。不论是沿用已有的风格，还是自创的风格，形式上能够让大多数业内人士理解，不能曲高和寡，也不易产生歧义。比如看见湖水、岩石和绿草的视觉元素组合在一起，根据多数人的经验会理解为自然、环保等风格；看见旧家具、旧物件或旧报纸，会理解为怀旧、沧桑的年代感等风格。

故事墙由与主题相关的元素组成，要求主题突出，信息明确，类型清楚。根据设计类型的不同，可以为单一元素，由于元素单一容易把握，常见于小型系列服装。也可以由多个元素组成，多元素故事墙对整体控制能力要求较高，需要多元素之间的协调统一，主次分明，尤其是具有较强的说服力，能够通过画面流畅地传达企划信息，方便设计交流，如图 5-3-11 所示。

每个人都看过或听过很多故事，请选择某故事或一本书，分析出这个故事给你的 “感觉”。再根据这种 “感觉” 尝试将次故事转化成一个由形状和色彩等元素构成的集合。

五、主题文案定位

为说明设计概念的具体内容，同时也为下一步的产品设计提供具体资料，还需要制作较为详细的设计说明。主题文案是企划的文字性说明，通过文字描述使设计目标更加清晰，便于后续设计工作明确任务。

主题文案包括设计理念、设计重点以及其他相关的信息。

主题文案设计理念以简洁明了的描述进行说明，方式不限。通常出现以下内容。

（1）关键词。以 1 ~ 4 组关键词说明设计风格体征，如静谧、朴实、若有若无、清新优雅等。

（2）消费定位。说明消费者年龄、产品档次，如 18 ~ 25 岁中档消费者。

（3）商品理念。说明商品的设计内涵，风格特征，如游离于人群之外、富有人文艺术气息。

（4）目标客户。说明消费人群的职业、性格、气质等，如文艺青年、普通青年、时尚从业者、刚参加工作的女性白领等。

（5）产品定位。说明产品的材料、板型、设计点、穿着效果等。

图 5-3-11 童年礼物主题的故事墙

（6）参考品牌。说明有助于设计开展的借鉴品牌，与本次企划存在某些近似性，便于后续设计查找资料，参考设计。

六、色彩定位

色彩企划是确定主题风格以后，在主题风格限定的基础上进行的。色彩企划一般设计 1 ~ 4 组方案，结合国内外流行趋势进行色彩提取和搭配组合。

（一）色彩主题

色彩主题是对主题风格的色彩理解，同时也是对主题内容的丰富，目的是为选择材料、服饰搭配提供参考标准。色彩主题以单幅图片或故事墙的形式展现，配有提取的系列色彩组合和色彩搭配，根据生产需要集合国际惯例标注每个色彩的标号，便于加工和贸易。色彩主题是故事墙风格的延伸，以色彩为主，有主色、辅色和点缀色，要求整体色调协调，符合形式美规律、视觉规律，并具有企划者独特的时尚审美意趣。

图 5-3-12　使用 Ps 滤镜分析颜色

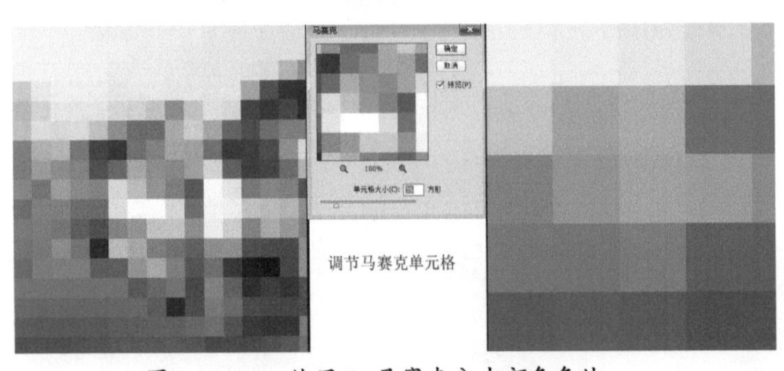

图 5-3-13　使用 Ps 马赛克分出颜色色块

图 5-3-14　根据色块进行色彩比例搭配

（二）色彩提取

色彩提取使用 Ps 的滤镜功能，配合吸管工具吸取需要的颜色。根据系列服装所需要的颜色数量，提取相应的色块。一般根据颜色明度分为浅色、中间色和深色，利于后续设计中颜色搭配，也可以根据色相、纯度分类提取，如图 5-3-12、图 5-3-13 所示。

（三）色彩搭配

色彩搭配是色彩对比关系图示，对色彩企划图提取的色彩进行面积、色相、明度和纯度的对比，根据风格需要，采取不同强度的对比，达到目标效果，使用色彩语言，表达设计理念，如图 5-3-14 所示。

七、材料与图形定位

服装图形设计在生活服装中应用广泛，生活服装由于实用性的需要，款式方面变化较小，图形设计经常成为设计的重点。随着数码印花技术的发展，数码在图形设计上具有很大的优势。

在确定了面料以后，就需要开始配合相应的辅料。服装辅料包括里料、填衬料、垫料、缝纫线、扣紧材料、装饰材料、拉链纽扣、织带垫肩、花边衬布、饰品嵌条、钩扣、线绳、塑料配件、金属配件及其他相关配料。

选择适合的辅料，有助于提高整体服装的外观效果。例如在服装造型中，纽扣虽然体积不大，但却能够在很多情况下成为服装的亮点，纽扣主要用于扣系衣服，同时装饰和点缀服装，是服装造型的组成部分之一。纽扣的形态多以圆形为主，这是纽扣的功能所决定的，因为圆形更容易穿过扣眼，如图 5-3-15 ~ 图 5-3-17 所示。

图 5-3-15　幽默卡通图形定位

图 5-3-16　辅料与配件企划定位

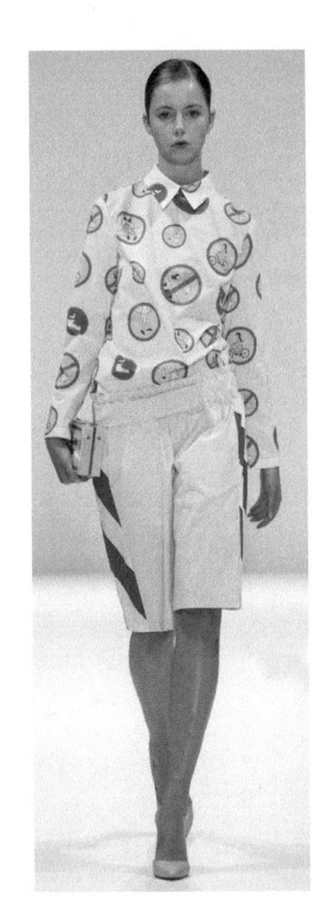 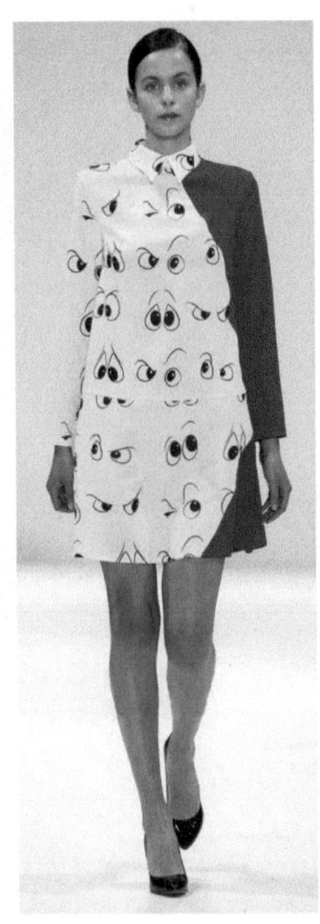 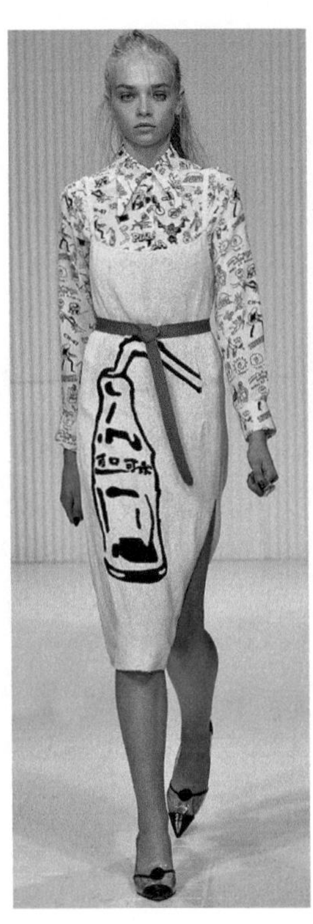  

图 5-3-17 根据幽默卡通图形主题设计的系列服装

八、效果图款式图定位

企划阶段展示具有代表性的款式图与效果图作为设计定位的参考。在展示设计图的同时，配合其他要素说明，如展示上个季节产品用来把握本次设计与之前产品的传承关系，或者以主题形式设计系列效果图、营销陈列内容等，如图 5-3-18 ~图 5-3-20 所示。

九、 波段定位

波段也可以说是服装企业在店铺上新货的批次，一般人会认为，春、夏、秋、冬四个季节就是天然的上货波段，如果品牌在全国各地有多家店，就要结合当地的气温变化上货。不过南方、北方气温差异较大，没法给出确切的时间表。通常情况下可以参考去年同期的销售分析，安排新货上市的时间，再看看同行的上货情况怎样。

所谓波段上货，是指店铺在上新品时不是一次性把一季所有新品摆上，而是根据产品的特性分几次上货，从而使营业额出现若干个高峰。

理论上讲，不同波段的产品在不同的店铺销售会是很理想的状态，但如何严格设定上货和撤货的时间呢？因为要求太严格，很有可能会影响店铺销售。网店与实体店有所不同，网店关注上网的高峰期，开头、结尾和中间的几个波段不一样。波段定位要考虑面料性质、厚薄适合什么时候穿，比如冬天第一波，面料会相对薄一点，第二波则根据季节搭配厚一点的穿戴，如图 5-3-21、图 5-3-22 所示。

图 5-3-18　效果图企划定位

图 5-3-19　系列效果图定位

Future New Star
将来の新星
1 2- 2-Dimensional Stylish Theory
1 2- 2-Dimensional Stylish Theory
Future New Star
将来の新星

Future New Star
将来の新星
1 2- 2-Dimensional Stylish Theory
2-Dimensional Stylish Theory
Future New Star
将来の新星

图 5-3-20 款式图定位

图 5-3-21　一次企划的三个波段定位

图 5-3-22　根据波段定位所作的陈列

第四节　完整企划方案的绘制与表现

服装设计企划书的主要作用是为进一步设计与开发制定一个基调，服装产品设计围绕企划要求展开工作。企划书本质上属于企业内部的技术指导手册，没有统一的格式，根据企业的需要设置内容，做到文案突出重点，图示清晰明了即可。除了自己企业制作企划书，也有专业的企划公司专门从事设计企划工作，为企业提供企划设计服务。

一、企划书内容及规格

（一）设计企划书内容

图 5-4-1 为服装设计企划书的主要内容，可以作为制作企划书的主要参考。由于设计的侧重点不同，企划书的内容根据情况会酌情增加和删减，比如材料企划，如果有更多的材料素材，可以增加几张，以便明确地说明问题，如图 5-4-1 所示。

（二）企划书的尺寸

企划书以常规期刊大小为宜，方便传阅和携带，服装设计企划书内容以彩色图片为主，辅以文字说明。内容一般不超过 20 页，可以用 260mm×185mm（小 16 开）、297mm×210mm（大 16 开）、271mm×390mm（8 开）、362mm×390mm（6 开）等，为了打印方便也可以使用 A4、A3 等打印尺寸。在 PS 软件中可直接新建预设为美国标准纸张或国际标准纸张（A4）。

（三）企划书类型

根据企划书的用途可以分为外部使用和内部使用两类。外部使用的企划书是企划设计企业或服装企业为顾客制作，要求表达明确，明了易懂，同时注重形式美观，以详细完整的图册为主。内部企划书是企业内部指导设计制作时使用

1企划书封面
企划书封面
企划主题名称
副标题
视觉形象
背景
制作1张企划书封面

2企划文案
企划文案
关键词
消费定位
目标客户
产品定位
参考品牌
制作1张企划文案

3故事墙
故事墙
设计元素
风格特征
构图形式
人物形象
制作1张故事墙

4色彩企划
色彩企划图
色彩元素
色彩风格
色彩提取
色彩标号
构图形式
制作1张色彩企划图

5材料企划
材料选用素材图
材料元素
材料风格
视觉形象
背景
制作1张材料选用图

6图形企划
图形设计效果图
图形元素
图形设计
图形风格
绘制1张图形设计图

7配件装饰企划
装饰配件素材图
素材风格
配件元素
装饰元素
制作1张装饰配件素材图

8款式企划
款式设计图
参考样式
款式设计
款式图
款式细节
款式风格
绘制3套款式图

9效果图
系列效果图
穿着效果
穿着方式
系列效果
绘制5套以上服装

10波段企划
波段搭配图
波段搭配
上货次序
产品结构
制作3个波段搭配

11网店企划
网页陈列效果图
片状主题
数量
视觉效果
制作3个片状主题

12陈列企划
陈列效果图
片状主题
数量
衣杆挂法
制作1张陈列效果

图 5-4-1　企划书主要内容

的，结合本企业品牌，可以使用单幅，也可以结合不同工序专门制作。

企划书的形式有图册、PPT、电子文档，图册根据不同风格内容制作装帧形式；PPT 作为演示讲解使用，内容简洁明了，在重点和难点处可使用动画展示。电子文档可使用文字与图片结合形式，便于传送。

二、设计企划书常用数码工具

设计企划书常用数码工具见表 5-4-1。

三、企划书制作方法

Ps 制作企划方案的步骤为企划定位➤素材搜集➤素材选择➤方案制作。如图 5-4-2 ~图 5-4-4 所示。

表 5-4-1 设计企划书常用数码工具

模块	序号	企划页	主要内容	主要制作	数码常用方法	
定位	1	封面	人物、文字	人物修图 艺术字体	通道	蒙版
	2	文案	文字、背景	背景制作 文字排版	文字	文字变形
	3	故事墙	元素组合	元素组合 整体调整	图片合成	调整
	4	面料	面料图片处理	材质制作 纹理制作	滤镜	拼接
	5	辅料配件	素材整理	素材抠图 素材整合	路径选择	蒙版
设计	6	色彩设计	色调、色块	色块提取 色彩对比	吸管	替换颜色
	7	图形设计	图形设计与绘制	图形材质	钢笔	调整
	8	效果图	效果图设计 与绘制	人物服装	PS 钢笔	贴入
	9	款式设计	款式图设计 与绘制	勾线	CDR 勾线	贴入
营销	10	波段	系列产品组合	色彩替换 素材拼合	调整	抠图
	11	网页效果	图片调整	选择移动	抠图	图层
	12	陈列效果	陈列形式	素材	勾线	合成

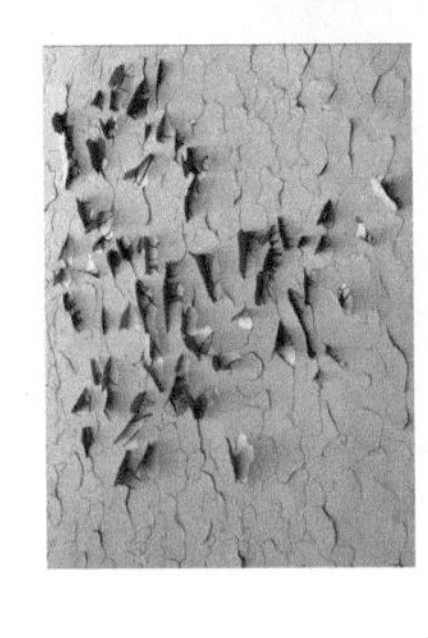

图 5-4-2 企划方案素材选择

图 5-4-3 企划方案制作

图 5-4-4 企划方案展示

（一）背景

为了使企划书整体调性统一，宜使用同一背景。使用 PS 图层透明度调节整体色调，使用图层蒙版合成图形，形成自然融合的视觉效果。背景的色调和内容应尽可能与所展示的主题相关，如图 5-4-5 所示。

（二）故事墙制作

把准备好的素材放置在画布内，调整主要和次要素材大小，安排好位置，对不协调的图形层进行色彩调整，使用图层蒙版调整边界，使图层合成，使用不同透明度和流量的橡皮擦除细节，如图 5-4-6、图 5-4-7 所示。

图 5-4-5 背景制作

图 5-4-6 故事墙制作

图 5-4-7 故事墙指导要素分析

（三）设计草图

参考设计定位和参考品牌等资料，在制作好的人体上用画笔绘制服装，注重服装与人体之间的关系，整体设计风格符合主题。设计草图用笔较为自由，以快速表现为主，如图 5-4-8 所示。

（四）设计效果图制作

把设计草图放在下层，降低透明度，根据服装不同的部件分层，使用钢笔勾线，用高纯度颜色填充，方便下一步魔棒选择。

把制作好的服装材质粘贴到服装各个部件内，根据色彩企划内容调整色调和透明度。为了便于观察，在底层建一个有对比的纯色图层。

制作服装镂空材质，使用画笔绘制一个图形单元，不断复制粘贴，形成大块材质，对比服装大小调整材质面积。

使用滤镜库里的纹理－马赛克拼贴，调整曲线，选择白色清除，留下的部分填色形成扭曲网格状镂空材质。两种材质拼合在一起，完成镂空材质制作，如图 5-4-9 ~图 5-4-12 所示。

在完成材质制作以后，使用加深和减淡绘制服装纹理。

服装完成以后关闭与服装无关的图层，把可见图层另存为 PNG 格式文件的服装款式备用。

新建文件，贴入人体和服装款式，调整服装层透明度，看见下面人体，使用钢笔或橡皮清除人体手部和头发部位的服装，把被服装遮住的手臂和头发露出来，完成后合并图层，存成 jpg 文件，完成服装效果图，如图 5-4-13 ~图 5-4-15 所示。

图 5-4-8 设计草图

图 5-4-9 效果图步骤

图 5-4-10 镂空材质

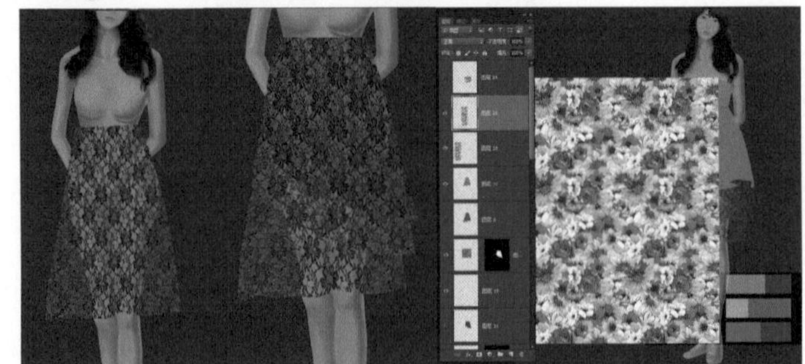

图 5-4-11 根据色彩搭配配色

四、企划书案例

企划书分为定位、设计和营销三个部分，每一个部分的企划都是以最初的定位为基础展开的。制作时注重整个企划风格的统一，故事墙和市场定位是核心部分之一。

企划书制作的很多工作并不完全体现在最终的图册中，比如前期设计草图、设计素材制作，后期具体实施中的修改和调整等。

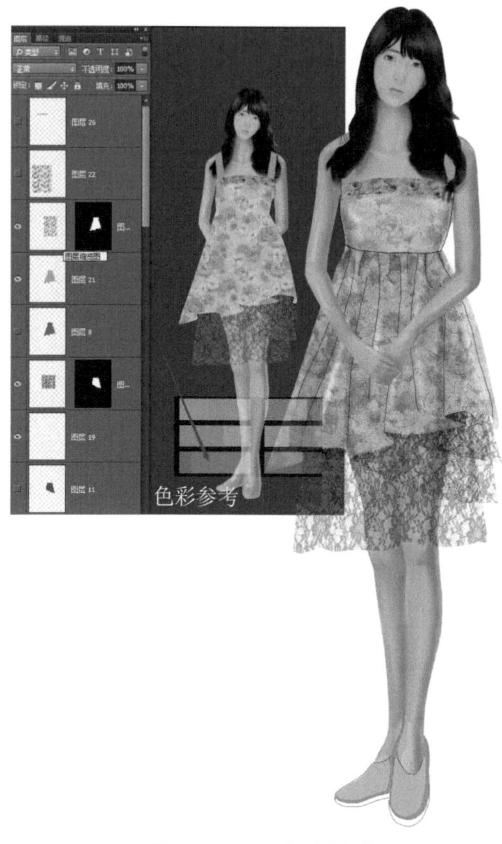

图 5-4-12　多层材质

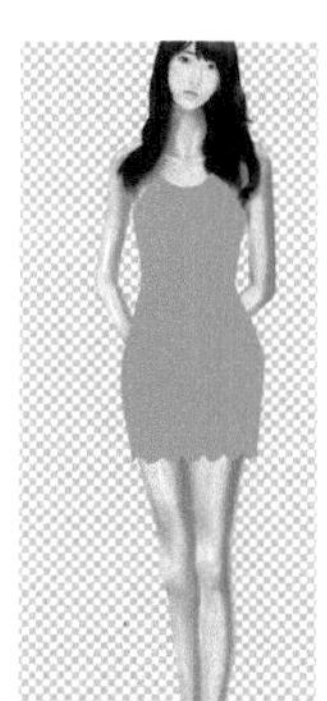

图 5-4-13　薄纱服装制作

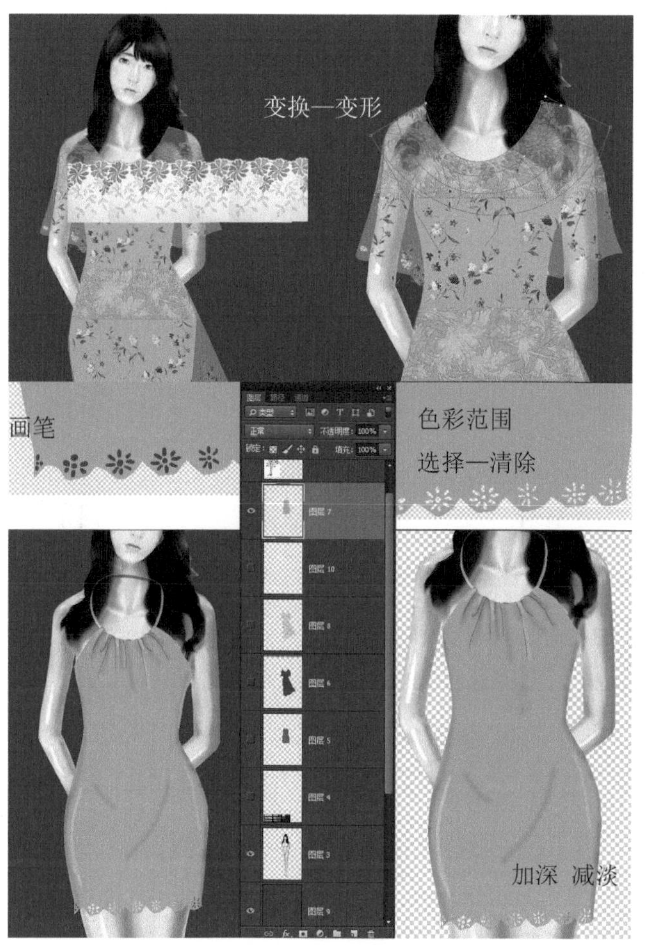

图 5-4-14　花边设计制作

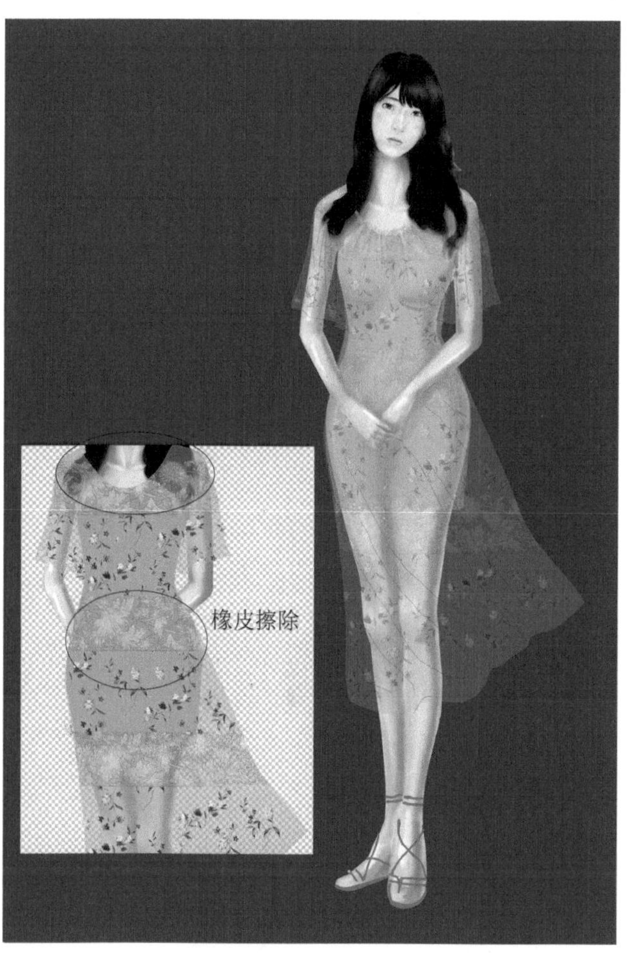

图 5-4-15　薄纱服装

图 5-4-16 企划方案模块

图 5-4-17 企划封面

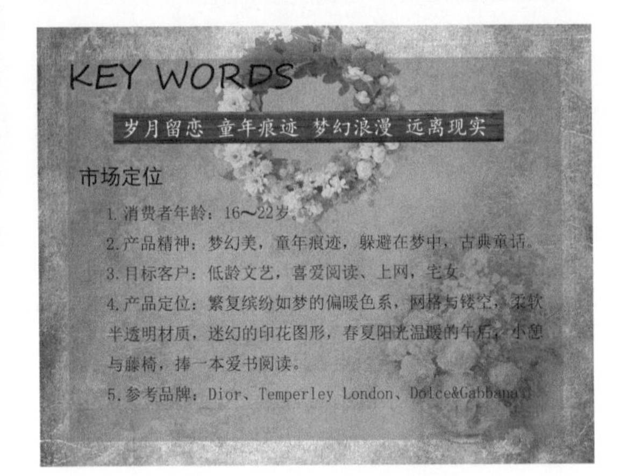

图 5-4-18 企划关键词

图 5-4-19 企划故事墙

图 5-4-20　色彩企划

图 5-4-21　材料企划

图 5-4-22　图形企划

模块案例是以定位为主，企划书形式多样，看实际情况增减内容。如果企划以配件为主，可以增加配件内容。如果企划以营销为主，还需要制作具体的店面陈列图，如图 5-4-16 ~图 5-4-26 所示。

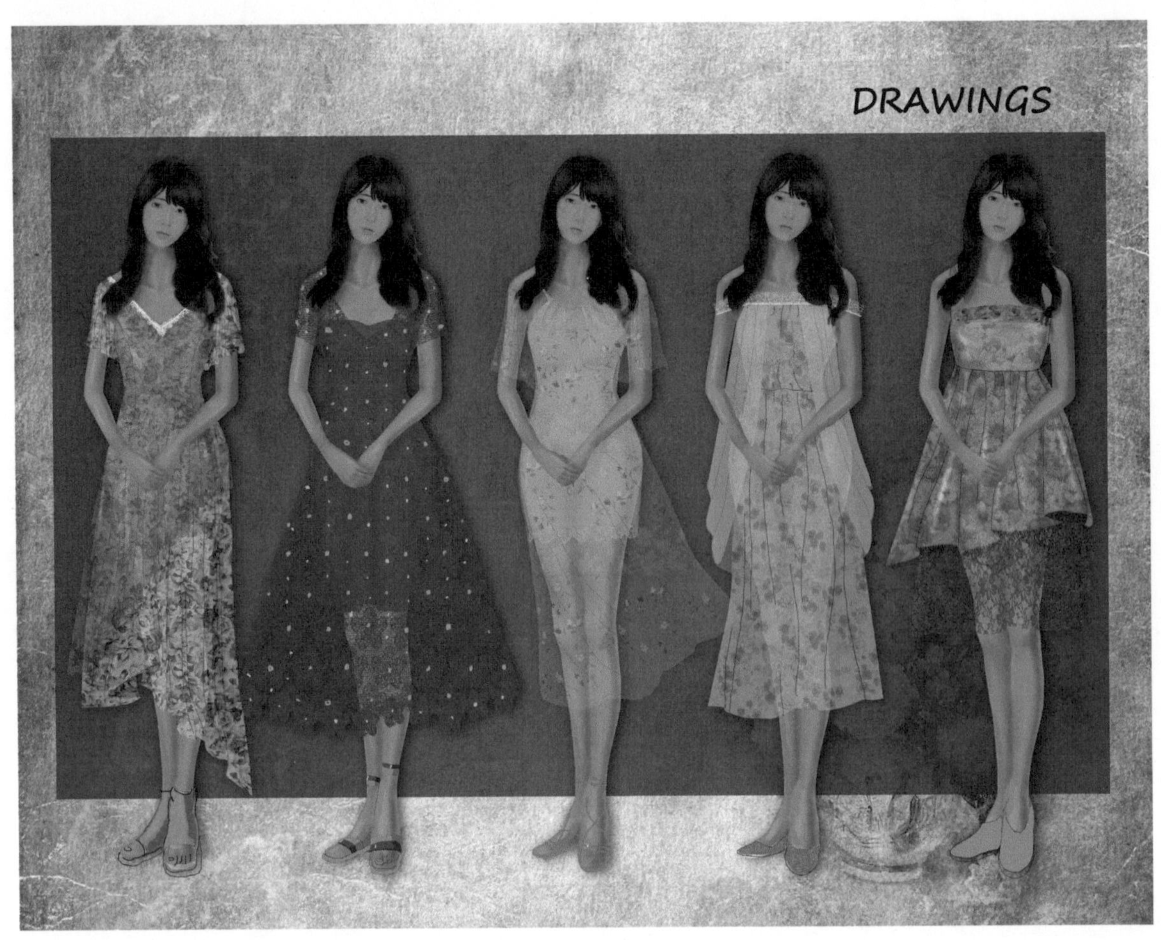

图 5-4-23 效果图企划

图 5-4-24 款式图企划

图 5-4-25　波段企划

图 5-4-26　网店与陈列企划

本书以服装设计表达过程为主线，以数码绘图软件为辅助工具，全面讲解如何使用绘图软件完成服装设计任务，使软件的应用贴近服装设计的各个细分环节，主要内容为数码服装设计基础、图形设计与绘制、款式图设计与绘制、服装效果图设计与绘制、服装设计企划书绘制与表现。全书结合服装实际操作案例，以直观的图示方式，按照从基础到综合应用的思路逐步深入讲解，以培养应用绘图软件完成服装设计的综合能力为准则，以达到帮助设计师提高设计水平、提升设计效率的目的。

本书易学实用，是服装院校相关专业师生及服装从业者和爱好者提升数码设计水平的好帮手。

图书在版编目（CIP）数据

数码服装设计从入门到精通／张建兴著．—北京：化学工业出版社，2017.7（2022.8重印）

ISBN 978-7-122-29783-9

Ⅰ．①数… Ⅱ．①张… Ⅲ．①服装设计－计算机辅助设计－图形软件 Ⅳ．①TS941.26

中国版本图书馆CIP数据核字（2017）第118070号

责任编辑：李彦芳　　装帧设计：知天下

责任校对：边　涛

出版发行：化学工业出版社（北京市东城区青年湖南街13号　邮政编码100011）

印　　装：北京捷迅佳彩印刷有限公司

889mm×1194mm 1/16　印张10　字数260千字　2022年8月北京第1版第4次印刷

购书咨询：010-64518888　　售后服务：010-64518899

网　　址：http://www.cip.com.cn

凡购买本书，如有缺损质量问题，本社销售中心负责调换。

定　　价：59.80元